水质化验
实用手册

北京北排水环境发展有限公司
水质检测中心首席技师工作室 编

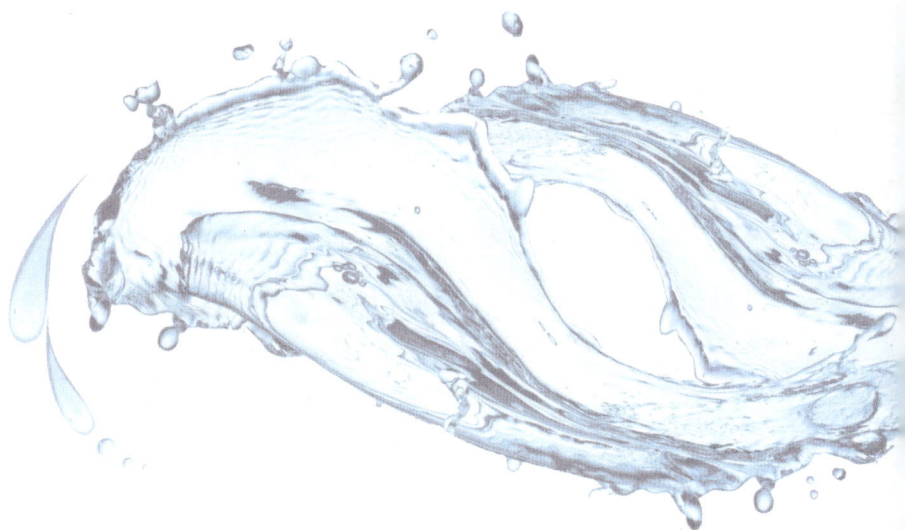

中国林业出版社

图书在版编目（CIP）数据

水质化验实用手册 / 北京北排水环境发展有限公司
水质检测中心首席技师工作室编 . -- 北京：中国林业出
版社，2020.8（2021.3 重印）
　ISBN 978-7-5219-0741-4

Ⅰ.①水… Ⅱ.①北… Ⅲ.①水质分析—手册 Ⅳ.
① O661.1-62

中国版本图书馆 CIP 数据核字（2020）第 144063 号

责任编辑：李　顺　樊　菲

出版　中国林业出版社（100009　北京西城区德内大街刘海胡同 7 号）
　　　　电话：（010）83143610
制版　北京八度出版服务机构
印刷　北京博海升彩色印刷有限公司
版次　2020 年 8 月第 1 版
印次　2021 年 3 月第 3 次
开本　787mm×1092mm　1/16
印张　11.25
字数　232 千字
定价　88.00 元

本书编委会

主　　编：郑　江　张建新

副 主 编：王　兰　张荣兵　阜　崴　顾　剑　翟家骥

　　　　　付　强　田泽卿

编　　委：刘卫东　刘海鹏　宋　莹　葛　菊　王　俊

　　　　　沙　特　李　彬　肖　蓓　张小伟　侯新然

　　　　　靳思岩　昌伟宏　魏　薇

审　　稿：李建坡　杨　彤　张　璐　李　珧

前 言

随着我国污水处理水平的不断提高，污水处理厂出水水质越来越好，对污水和污泥检测水平的要求也越来越高。目前的水质检测方法主要以理化分析法为主，包括容量分析法、重量分析法和比色分析法，其中容量分析法和重量分析法需要实验人员手工操作，比色分析法也需要对样品进行手工前处理后才能进行仪器分析。这就要求水质检测人员不仅要对检测标准有清楚的了解，而且每一步的操作都必须准确，同时能够正确处理检测过程中遇到的问题。检测人员对任何一点理解不到位，或者任何一步操作不准确，都会直接导致检测结果的错误。目前，实验室检测人员能够参考的只有相关检测方法文件，但是，检测方法文件只是对标准方法的操作进行了文字描述，存在文字信息量大、操作细节不明晰等问题，不易被检测人员快速掌握。随着实验室的发展和人员的流动，水质化验领域急需一本实用工具书，将检测标准以简洁的语言和图片形式展现出来，并总结出多年来一线检测人员的经验和技巧，以达到简单易懂、易操作的目的。

作为水利部第二批首席技师工作室中唯一一个水质检测方面的工作室，"刘海鹏首席技师工作室"以北京北排水环境发展有限公司水质检测中心为依托，以首席技师为核心，以培养高技能人才，解决水处理行业水质检测领域的重大技能、操作难题，推动新技术、新工艺、新方法的应用为工作目标。为提高水质检测人员基本操作技能水平，规范操作动作和实验程序，"刘海鹏首席技师工作室"根据实际需求，组织实验室内技术人员和有经验的一线检测人员对水质化验检测过程中所涉及的各种知识、操作方法和常规项目进行梳理。通过三年的编制，形成了本手册。本书重点关注项目检测标准中未提及的操作要点，以便让检测人员快速掌握实验难点。本书可以作为日常水质化验工作的参考，也可以作为新员工培训手册。

本书主要编写人员及其所负责的章节如下：肖蓓负责第一章第一、三节，魏薇负责第一章第二节，沙特负责第一章第四节，李彬负责第一章第五节，昌伟宏负责第二章第一至四节、第三章第三节，靳思岩负责第二章第五节，葛菊负责第二章第六节、第三章第二节，张小伟负责第三章第一节，侯新然负责第三章第四节，刘海鹏负责第三章第五至八节、第十四至十六节，刘卫东负责第三章第九、十节，王俊负责第三章第十一、十二节，宋莹负责第三章第十三节。最后，本书由刘卫东进行统稿工作。感谢各位编写人员的通力合作，使本书得以高质量、高效率的完成。

《水质化验实用手册》编委会
二〇二〇年五月

目　录

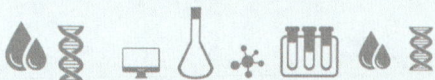

第一章

实验基础知识

第一节　实验用水

　　水在分析实验中非常重要，是实验室使用最多的试剂，具有量大、易得、无毒、能直接参与实验反应、热传导性好等优良特性，常用于反应溶剂、样品稀释、溶液制备、标准样品制备、容器洗涤、空白试样制备、流动相配制等方面。

　　但实际上，水中经常存在各类污染物（图1-1），水的纯度也是不稳定的，如果不对水加以净化，将极大地影响实验的正常反应和结果。水中存在的污染物一般为颗粒、气体、微生物、离子、有机物等，通过纯化技术纯化和监控技术控制，可以得到实验所需要的纯水。

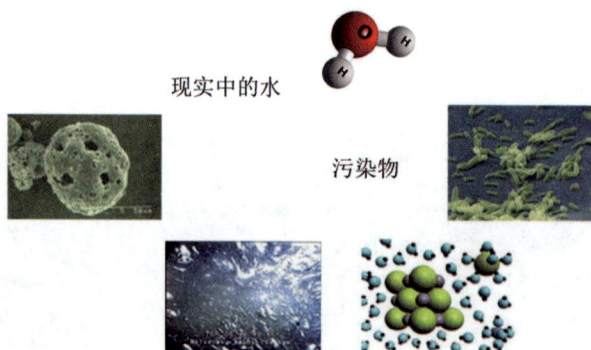

图1-1　现实中的水

一、实验用水的分类

1. 实验用水的级别和规格

　　国家标准《分析实验室用水规格和试验方法》（GB/T 6682—2008）将适用于化学分析和无机痕量分析等实验的用水分为3个级别：一级水、二级水和三级水。3个级别实验用水的制备与储存方法及使用范围见表1-1。

表1-1　3个级别实验用水的制备与储存方法及使用范围

级别	制备与储存	使用范围
一级水	可用二级水经过石英设备蒸馏或离子交换混合床处理后，再经0.2 μm微孔滤膜过滤制取，不可储存，使用前制备	有严格要求的分析实验，包括对颗粒有要求的实验，如高效液相色谱分析实验

（续表）

级别	制备与储存	使用范围
二级水	可用多次蒸馏或离子交换等方法制取，储存于密闭的专用聚乙烯容器中	无机痕量分析等实验，如原子吸收光谱分析实验
三级水	可用蒸馏或离子交换等方法制取，储存于密闭的专用聚乙烯容器中，也可使用密闭的专用玻璃容器储存	一般化学分析实验

以上3种级别的水均可由实验室水净化系统制备得到，实验室常用的制水设备见图1-2。实验室应确保试剂水达到规定质量要求，定期检查水净化系统的性能以确保制备的水满足检测要求，并保存此类检查的记录。

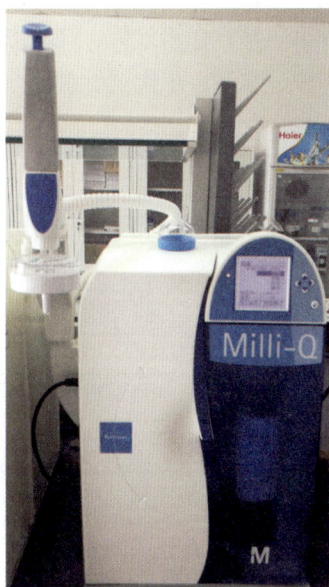　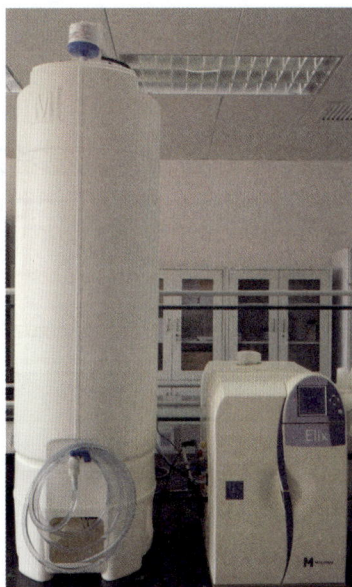

（a）超纯水机　　　　　　　　（b）纯水机

图1-2　实验室常用制水设备

另外，国家标准《分析实验室用水规格和试验方法》（GB/T 6682—2008）也对各级实验用水的水质规格做出了规定（表1-2）。其中，受实验用水纯度影响，对一级水、二级水的pH范围以及一级水的可氧化物质和蒸发残渣限量不做规定。

表1-2　实验室用水的水质规格

指标	一级水	二级水	三级水
pH（25 ℃）			5.0~7.5
电导率（25 ℃）/（mS/m）	≤0.01	≤0.10	≤0.50
可氧化物质含量（以O计）/（mg/L）		≤0.08	≤0.4

（续表）

指标	一级水	二级水	三级水
吸光度（254 nm，1 cm光程）	≤0.001	≤0.01	
蒸发残渣含量（105 ℃±2 ℃）/（mg/L）		≤1.0	≤2.0
可溶性硅含量（以SiO_2计）/（mg/L）	≤0.01	≤0.02	

2．实验用水的应用领域

（1）一级水（超纯水）的应用领域：仪器分析实验，包括高效液相色谱、液质联用、气质联用、原子吸收、ICP-MS、离子色谱等实验；生命科学实验，包括细胞培养实验、流式细胞仪实验、分子生物学实验；部分化学实验；临床分析实验。

（2）二级水（纯水）的应用领域：缓冲液配制、微生物培养、滴定实验、水质分析实验、化学合成、组织培养、动物饮用、颗粒分析、紫外光谱分析、普通化学实验。

（3）三级水的应用领域：楼宇供水、器具冲洗、水浴、生化仪供水。

二、常用特殊实验用水的制备方法

以下是常用特殊要求的实验用水及其适用项目（表1-3），每种实验用水均应使用相应的技术条件进行处理和检验。

表1-3　常用特殊要求的实验用水及其适用项目

特殊实验用水	适用项目
无氯水	氯化物等无机阴离子实验
无氨水	氨氮、凯氏氮、总氮等实验
无二氧化碳水	碱度、酸度实验
无酚水	挥发酚等酚类化合物实验
无铅（无重金属）水	铅等金属实验
不含有机物的水	有机化合物实验

1．无氯水的制备

无氯水可在水中加入还原剂后再由蒸馏法制得。

首先在原水中加入亚硫酸钠等还原剂将水中的余氯还原为氯离子，此时用N,N-二乙基对苯二胺（DPD）检验不显色，然后用带有缓冲球的全玻璃蒸馏器进行蒸馏，得到的水即为无氯水。

2．无氨水的制备

无氨水可由离子交换法、蒸馏法和纯水机法制备。

（1）离子交换法：让蒸馏水通过强酸性阳离子交换树脂（氢型）柱，将馏出液收集在带有磨口玻璃塞的玻璃瓶内。每升馏出液加10 g同样的树脂，以利于保存。

（2）蒸馏法：在1 000 mL的蒸馏水中，加0.1 mL硫酸（浓度为1.84 g/mL），将蒸馏水转移至全玻璃蒸馏器中进行重蒸馏，弃去前50 mL馏出液，然后将约800 mL馏出液收集在带有磨口玻璃塞的玻璃瓶内。每升馏出液加10 g强酸性阳离子交换树脂（氢型）。

（3）纯水机法：临用前，用市售纯水机制备。

3．无二氧化碳水的制备

无二氧化碳水应储存在一个附有碱石灰管的橡皮塞盖严的瓶中，可由煮沸法和曝气法制备。

（1）煮沸法：将蒸馏水或去离子水煮沸至少10 min（水多时），或使水量蒸发10%以上（水少时），加盖放冷即可。

（2）曝气法：将惰性气体（如高纯氮）通入蒸馏水或去离子水中至饱和即可。

4．无酚水的制备

无酚水应贮存于玻璃瓶中，取用时应避免其与橡胶制品接触，可由加碱蒸馏法和活性炭吸附法制备。

（1）加碱蒸馏法：加氢氧化钠使水呈碱性，并加入高锰酸钾使其呈紫红色，移入全玻璃蒸馏器中加热蒸馏，取馏出液备用。

（2）活性炭吸附法：于每升水中加入0.2 g 经200 ℃ 活化30 min 的活性炭粉末，充分振荡后，放置过夜，用双层中速滤纸过滤。

5．无铅（无重金属）水的制备

无铅（无重金属）水可用离子交换法制备。

将原水用预处理好的强酸性阳离子交换树脂（氢型）处理，即可得到无铅（无重金属）的纯水。

6．不含有机物的水的制备

不含有机物的水可在碱性高锰酸钾存在条件下由蒸馏法制备。

向水中加入少量的碱性高锰酸钾溶液后进行蒸馏可得到不含有机物的水。应注意在整个蒸馏过程中须保证水中高锰酸钾的紫红色不消退，否则应及时补加高锰酸钾。

第二节 化学试剂

一、化学试剂的定义

化学试剂是进行化学研究、成分分析的相对标准物质，是在化学实验、化学分析、化学研究及其他实验中使用的各种纯度等级的化合物或单质。

二、化学试剂的分类

我国国家标准根据试剂的纯度和杂质含量，将化学试剂分为4个等级，见表1-4。

表1-4 我国化学试剂的等级

项目	一级品	二级品	三级品	四级品
中文名称	优级纯（保证试剂）	分析纯（分析试剂）	化学纯	实验试剂
英文符号	GR	AR	CP	LR
瓶签颜色	绿色	红色	蓝色	棕色、黄色或其他颜色
纯度	纯度为99.8%，纯度最高，杂质含量最低	纯度为99.7%，纯度很高，干扰杂质很低，略次于优级纯	纯度大于等于99.5%，纯度与分析纯相差较大	纯度较差，杂质含量不做选择，在实验中没有定量关系，也不会引起干扰
适用范围	重要精密的分析工作和科学研究工作，有的可作为基准物质	重要分析及一般研究工作	一般化学实验，如要求较高的无机和有机化学实验，或要求不高的分析检验	一般的实验和要求不高的科学实验，及合成制备实验

以上按试剂纯度分类的方法已在我国通用，且根据化学工业部颁布的标准《化学试剂 包装及标志》（GB 15346—2012）的规定，不同等级的化学试剂分别用不同的颜色来标志。化学试剂除上述4个等级外，根据试剂的纯度和杂质含量，还分为基准试剂、高纯试剂、光谱纯试剂、色谱纯试剂、指示剂等。

试剂的质量以及使用是否得当，将直接影响实验分析结果的准确性。因此，检测人员应该全面了解试剂的性质、规格和适用范围，才能根据实际需要选用合适的试剂，以达到既能保证分析结果的准确性又能节约经费的目的。

危险化学品是化学试剂中重要的一类，危险性较强，须对其进行重点管理。本节以下内容将着重介绍危险化学品的采购、使用、储存、保管等内容。

三、危险化学品

1．危险化学品的概念和分类

危险化学品是指具有易燃易爆、有毒有害和易腐蚀等特性，会对人体、设施、环境等造成伤害或损害的化学品。根据危险化学品的主要危险特性，可将其分为爆炸品、压缩气体和液化气体、易燃液体、易燃固体、自燃物品和遇湿易燃物品、氧化剂和有机过氧物、毒害品和感染性物品、放射性物品、腐蚀品等。

2．危险化学品的采购

（1）危险化学品的采购审核

首先，作业人员要区分所购危险化学品的类型，然后上报采购部门，由采购员、安全员进行审核。如果是易制毒品或易制爆品，采购员还需在"全国易制毒化学品管理信息系统"和所在地的"易制爆危险化学品流向管理信息系统"中填写购买申请，然后由领导在《单位采购专用合同》上签字。最后，经所在地禁毒办和公安局分局批准后，方能购买。（我单位前期已在北京市禁毒办和北京市朝阳区公安分局备案，并审核通过。）

（2）危险化学品的购买与备案

采购员接到受理通知书、审批通知书和采购备案证明书后，应选择从获国家资质授权的试剂公司（如北京市禁毒办和朝阳区公安分局备案的销售单位）购买危险化学品。危险化学品到货后，由采购员和安全员将其存入专用库房内，专用库房须配置双人双锁药品柜且具备安防及技防设施、防爆装置等。对于易制毒、易制爆化学品，采购员最后还应在"全国易制毒化学品管理信息系统"和所在地的"易制爆危险化学品流向管理信息系统"中填写"购买入库记录"（体积须精准到毫升），并打印"购入备案证明"，经单位盖章后进行备案。

3．危险化学品的使用

（1）使用装置要求

使用危险化学品的装置，应根据危险化学品的种类、性能、火灾危害及毒害程度，设置相应的排风、通风、防火、防爆、防尘、防毒、泄压、降温、防潮、避雷、阻止回火、导除静电、紧急排放、隔离操作和自动报警等安全设施。

（2）操作人员要求

在危险化学品使用场所，操作人员必须正确穿戴专用劳动防护用品（如涉及酸、碱的岗位人员在作业时，要佩戴防护眼镜；在处理酸、碱遗洒泄漏等问题时，必须戴面罩）。严禁用手直接接触危险化学品，不得在使用危险化学品的场所饮食。使用危险化学品的场所应备有一定数量的应急药品，以备应急抢救之用。

（3）使用场所要求

在使用易燃易爆等危险化学品的场所中，其电气设备、动力设备、照明装置、仪表和开关等，应根据危险物品的性质和国家颁发的《中华人民共和国爆炸危险场所电气安全规程（试行）》〔劳人护（87）36号〕等规定，采用防爆或隔离措施。

（4）领用要求

领用液体危险化学品时，应采取防止泄漏、消除静电的措施。领用固体氧化剂、易燃固体等危险化学品时，应防止摩擦、撞击。

（5）使用前的注意事项

在使用危险化学品前，必须检查存放容器，以消除隐患。容器必须牢固、严密，并按照国家标准《危险货物包装标志》（GB 190—2009）的规定，印贴专用的标志和物品名称。对于易燃易爆危险化学品，要仔细检查并阅读其说明书，熟悉其理化性质（闪点、燃点、自燃点、爆炸极限等数据）和防火、防爆、灭火、安全储运等注意事项。

（6）使用中的注意事项

使用危险化学品时，必须根据其性质严格按照规范使用，如操作不当可能会引发危险，甚至酿成事故。下面介绍几种常见危险化学品的使用注意事项：

① 易燃易爆化学品的使用注意事项

禁止使用明火加热易燃易爆化学品，在高温反应或蒸馏等操作过程中，若必须采用烟道气、有机热载体、电热或照明设备等进行加热时，应采取严密的隔离措施。需要注意的是，一些危险化学品与其他物质混合后，很容易引发火灾、爆炸等事故，在使用这些化学品时，应做好相应的防护措施。

以下是易引发火灾、爆炸等事故的化学物质组合：

a. 易引发火灾的物质组合

下列物质彼此混合，特别容易引起火灾，应该加以警惕：活性炭与硝酸铵；沾染了强氧化剂（如氯酸钾）的衣服；可燃性物质（木材、织物等）与浓硝酸；有机物与液态氧；硝酸铵或氯酸钾与有机物混合；硅烷、烷基金属、白磷等与空气接触；易燃性气体、液体与火种接触。

b. 易引发爆炸的物质组合

下列物质接触，可能引发爆炸：高氯酸和还原剂或有机物反应；高氯酸镁与强酸或有机物混合使用；硝酸与锌、镁等活泼轻金属；钠或钾遇水；氯酸盐、高氯酸盐与浓硫酸；硝酸盐与氯化亚锡；亚硝酸盐与氰化钾；硝酸钾与醋酸钠；高锰酸钾与硫酸、甘油或有机物；不纯的氢气遇火种。

② 化学毒物的使用注意事项

a. 化学毒物的定义

凡以较小剂量作用于机体，能使细胞和组织发生生物化学或生物物理变化而引起机体功能性或器质性病变，使之受到暂时性或永久性损害，严重时可导致生命危险的化学物质均称为化学毒物。

b. 化学毒物的种类

实验室常用的化学毒物有以下几种：氰化物、汞及其化合物、砷及其化合物、硫化氢等。

c. 化学毒物的预防措施

应按照危险化学品的预防措施进行化学毒物的预防，具体措施参考本节"5. 危险化学品的防护"。

4．危险化学品的贮存和保管

（1）贮存危险化学品的仓库应根据物品性质，按规范要求设置相应的防爆、泄压、防火、防雷、报警、防晒、调温、消除静电等安全装置和设施。

（2）同一个危险化学品仓库内只能贮存同一类危险化学品，不同品种要分堆存放，不能超量贮存，并应留出一定的安全距离，且保证道路通畅。

（3）危险化学品仓库内货位的安排要避免混存。化学性质、防护或灭火方法相互抵触或相互影响的危险化学品，绝对不允许贮存在同一个仓库内。

（4）氧化剂不得与易燃易爆物品同存一个仓库。

（5）能自燃或遇水燃烧的物品不得与易燃易爆物品同存一个仓库。

（6）危险化学品仓库与生活区要保持适当的距离，配备一定数量的消防设施。

（7）危险化学品的管理员岗位，要由责任心强、经过专门培训，且熟知危险化学品性质和安全管理常识的人员担任。

（8）危险化学品的出入库管理制度如下。

① 危险化学品的入库

危险化学品入库前均应按合同或入库单、清检单进行检查验收、登记。验收内容包括：商品数量、包装、危险标志、安全技术说明书或安全标签、合格证或检验报告。危险化学品经核对后方可入库，其性质未弄清前不得入库。

② 危险化学品的出库

危险化学品出库前均应按合同或领料单进行检查核对，核对内容包括：商品数量、包装、危险标志。危险化学品的领用须经使用人员提出，部门主管批准，仓管人员同意后，危险化学品方可出库。危险化学品的出入库须有台账记录，每月必须进行盘账，做到账、卡、物相符。

（9）接触对身体有害及有腐蚀性的危险化学品时，操作人员应根据危险性，穿戴相应的防护用品。

（10）为避免发料差错，对剧毒物品、易制毒品、易制爆品必须实行双人验收、双人保管、双人领取、双把锁、双本账的"五双"管理制度。

（11）危险化学品仓库内严禁吸烟和使用明火。

5．危险化学品的防护

（1）替代

控制、预防危险化学品危害最理想的方法就是不使用有毒有害、易燃易爆的化学品，通常的做法是选用无毒或低毒的化学品替代化学毒物，选用可燃化学品替代易燃化学品（如：以甲苯替代喷漆、除漆中使用的苯）。

（2）变更工艺

当不可避免地要生产或使用危险化学品时，可通过改变目前现有的工艺条件，不使用危险化学品或减少危险化学品用量，从而降低危险化学品带来的危害。

（3）隔离

隔离就是通过封闭、设置屏障等措施，避免作业人员直接暴露于有害环境中。最常用的隔离方法是将生产或使用的设备完全封闭起来，避免作业人员在操作中接触化学品。这类方法在一定规模的化工企业里早已被采用，较为普遍。

（4）通风

通风是控制作业场所中有毒气体、蒸汽或粉尘的最有效的措施。借助有效的通风，使作业场所空气中的有害气体、蒸汽或粉尘的浓度低于安全浓度，既能保证作业人员的人身安全，也能较好地防止火灾、爆炸事故的发生。

（5）个体防护

当作业场所中有害化学品的浓度超标时，作业人员就必须使用合适的个体防护用品，它是一道较为有效的阻止有害物进入人体的屏障。个体防护用品包括：头部防护用品、呼吸防护用品、眼防护用品、身体防护用品、手足防护用品等。至于采用哪类防护用品，主要根据作业场所中的危险化学品的特性及危害性而定。

（6）保持卫生

卫生包括保持作业场所清洁和作业人员的个人卫生两方面。经常清洗作业场所，对废物溢出物加以适当处置，保持作业场所清洁，能有效地预防和控制化学品危害。作业人员应养成良好的卫生习惯，防止有害物质附着在皮肤上，通过皮肤渗入体内。

6．危险化学品的废弃

危险化学品使用过程中所产生的废液，必须符合国家有关规定和标准，由有相关资质的危废处置单位进行处理。

7．常用危险化学品的标志

常用的危险化学品的标志见图1-3。

（a）爆炸品　　　　　（b）易燃气体　　　　　（c）易燃液体　　　　　（d）易燃固体

（e）自燃物品　　　　　（f）氧化剂　　　　　（g）剧毒品　　　　　（h）腐蚀品

图1-3　常用危险化学品标志

第三节 标准物质

一、标准物质的定义

标准物质（reference material，RM）是具有一种或多种足够均匀的且已经确定的特性量值的物质或材料，用以校准测量装置、评价测量方法或给材料赋值的一种材料或物质。有证标准物质（certified reference material，CRM）是附有认定证书的标准物质，其一种或多种特性量值用建立了溯源性的程序确定，使之可溯源到准确复现地表示该特性量值的测量单位，每一个认定的特性量值都附有给定置信水平的不确定度。

二、标准物质的特性

标准物质具有准确性、均匀性和稳定性三个基本特性。

1．准确性

标准物质具有准确的特性量值。通常来说，标准物质的标准值和计量的不确定度均会在标准物质证书中给出。标准物质的不确定度的来源有很多，药品称量操作、仪器状态、均匀性、稳定性、实验室差异及实验方法不同均会产生不确定度，在计算不确定度时，这些因素要一并考虑在内。

2．均匀性

均匀性是指物质的某些特性具有相同成分或相同结构的状态。标准物质的均匀性可以用计量方法的精密度（标准偏差）来衡量，该均匀性是针对给定的取样量而言的。通常来说，标准物质的证书中会对均匀性检验的取样量做出详细说明。

3．稳定性

标准物质的稳定性是指在特定的环境条件和时间内，标准物质的标准值会始终保持在规定的数值范围内的特性。

三、标准物质的作用

标准物质可以是固态、液态或气态。它主要用于校准测量仪器、评价测量方法、确定材料或产品的特性量值，在量值传递和保证测量一致性方面有下列重要作用：

（1）在时间和空间上进行量值传递。

（2）保证国际单位制中的部分基本单位和导出单位的复现。

（3）复现和传递某些工程特性量和物理、化学特性量。

（4）应用于分析测量（包括纯度测量和化学成分测量）中，可大大提高分析结果的可靠性。

（5）在产品质量保证中确保出具数据的准确性、公正性和权威性等。

四、标准物质的级别

我国从量值传递和经济观点出发，按照精准度把标准物质分为两个级别，即一级（国家级）标准物质和二级（部门级）标准物质。

1．一级标准物质

一级标准物质采用定义法或其他准确、可靠的方法对其特性量值进行计量，其准确度达到国内最高水平，主要用来标定比它低一级的标准物质、检定高准确度的计量仪器、评定和研究标准方法或应用于高准确度要求的关键场合。

一级标准物质应符合如下条件：

（1）用绝对测量法或两种以上不同原理的准确可靠的方法定值。在只有一种定值方法的情况下，在多个实验室以同种准确可靠的方法定值。

（2）准确度达到国内最高水平，均匀性在准确度范围之内。

（3）稳定性在1年以上，或达到国际上同类标准物质的先进水平。

（4）包装形式符合标准物质技术规范的要求。

2．二级标准物质

二级标准物质采用准确、可靠的方法或直接与一级标准物质相比较的方法对其特性量值进行计量，其准确度能够满足日常计量工作的需要，主要作为工作标准，用于现场方法的研究和评价。

二级标准物质应符合如下条件：

（1）用与一级标准物质进行比较测量的方法或一级标准物质的定值方法定值。

（2）准确度和均匀性未达到一级标准物质的水平，但能满足一般测量的需要。

（3）稳定性在半年以上，或能满足实际测量的需要。

（4）包装形式符合标准物质技术规范的要求。

第四节　误差和数据处理

一、误差

在实验分析过程中，由于分析时所使用的仪器、采用的方法以及分析时的环境条件和分析者的观察能力等多方面的限制，分析所得到的结果往往与客观存在的真实数值有着一定的差异。这个分析值与真实值之间的差异，叫做误差。误差按来源和性质可分为三类：系统误差、过失误差和随机误差。

1. 系统误差

系统误差是指实验系统（测量系统）在测量过程中和在取得其结果的过程中存在的恒定的或按一定规律变化的误差。系统误差具有单向性、重复性和可测性的特征。单向性是指系统误差的测量结果会向一个方向偏离，其数值按一定规律变化。重复性是指在相同的条件下进行重复测定时，系统误差的结果会重复出现。可测性是指系统误差的大小是可以测量的。

系统误差包含：仪器误差、仪器零位误差、理论和方法误差、环境误差和人为误差等。

（1）仪器误差

仪器误差是指由于仪器制造的缺陷、使用不当或者仪器未经很好地校准所造成的误差。如：秒表偏快、表盘刻度不均匀、尺子的刻度偏大、米尺因为环境温度的变化导致本身的伸缩、砝码未经校准、仪器的水平或铅直未调整等原因造成示值与真值之间的误差。

（2）仪器零位误差

仪器零位误差是指在使用仪器时，因仪器零位未校准所产生的误差。如：两个砧头刚好接触时千分尺上有读数，没有电流流过时电流表上有读数，等等。

（3）理论和方法误差

理论和方法误差是由于实验所依据的理论和公式本身的近似性，或实验条件、测量方法不能满足理论公式所要求的条件等情况引起的误差。实验中忽略了摩擦、散热、电表的内阻等引起的误差，都属于理论和方法误差。

（4）环境误差

环境误差是指未满足测量仪器规定的使用条件所造成的误差，如室温高于仪器所规定的实验温度范围引起的误差。

（5）人为误差

人为误差是指由于测量者本身的生理特点或固有习惯所带来的误差，如反应速度的快慢、分辨能力的高低、读数的习惯等情况造成的误差。

2．过失误差

过失误差是由测量过程中发生的不应有的错误造成的误差，错误的内容包括实验人员的仪器操作方法不正确、实验操作不规范、粗心大意、读数和记录数据错误等。过失误差可以避免，只要实验人员接受培训、加强练习、端正工作态度，就可以消除这种误差。过失误差一经发现，必须立即纠正。

3．随机误差

（1）随机误差的产生

随机误差是由测量过程中的各种随机因素共同作用造成的误差，如环境因素（气压、温度、湿度）的偶然波动、仪器的性能变化、分析人员对各份试样处理的差异造成的误差。

（2）随机误差的特点

随机误差的特点是大小和方向都不固定，也无法测量或校正。

（3）随机误差的性质

随着测定次数的增加，正负误差可以相互抵偿，随机误差的平均值将逐渐趋向于0。

（4）随机误差的修正方法

① 正确选取样品量。

② 增加平行测定次数。

③ 进行对照试验。

④ 进行空白试验。

⑤ 校正仪器和标定溶液。

⑥ 严格遵守操作规程。

二、数据处理

1．有效数字与运算规则

任何物理量的测量结果都会存在误差，而表示一个物理量测量结果的数字取值是有限的。我们把实际测量结果中可靠的几位数字，加上最后1位可疑数字，统称为测量结果的有效数字。它一方面反映了数量的大小，另一方面反映了测量的精密程度。

（1）确定测量结果有效数字的基本方法

① 读出有效数字中可靠数部分，这是由被测量值的大小与所用仪器的最小分度来决定的。可疑数字由介于两个最小分度之间的数值进行估读，估读取1位数字（这1位是有误差的）。

② 对于标明误差的仪器，应根据仪器的误差来确定测量值中的可疑数。

③ 测量结果的有效数字由误差确定。无论是直接测量还是间接测量，其结果的误差一般只取1位数字。误差的最后1位数字应与测量结果有效数字的最后1位数字的位置相对应，如物体的质量$m=（30.58\pm0.05）$g是正确的，而$m=（30.582\pm0.05）$g和$m=（30.6\pm0.05）$g的写法都是错误的。

使用不同精度的仪器测得的数据的有效数字位数不同，详见表1-5。

表1-5　常见称量仪器的有效数字位数

物体质量/g	有效数字位数/位	使用仪器	
		名称	图示
16.6	3	托盘天平	
16.65	4	电子天平	
16.651 4	6	分析天平	

（2）有效数字中"0"的意义

"0"在有效数字中有两种意义：一是作为数字定值，二是作为有效数字。若只是定位作用，它就不是有效数字；若作为普通数字，它就是有效数字。有效数字的位数与十进制的单位变换无关。

（3）科学计数法

科学计数法是一种计数的方法，它将一个数表示成$a\times10^n$的形式（其中，$1\leqslant|a|<10$，n为整数），用于表示日常生活中一些极大或极小的数。

（4）数字修约规则

数字修约规则以我国科学技术委员会正式颁布的《数值修约规则与极限数值的表示和判定》（GB/T 8170—2008）为准，通常将该规则称为"四舍六入五成双"法则。即拟舍弃数字的最左位数字为"4"时，连同此位数字以后的数字全部舍弃；拟舍弃数字的最左位数字为"6"时，将拟舍弃数字舍弃后，向前位数字加1；拟舍弃数字的最左位数字为"5"时，考虑"5"后有非"0"数字则进位，"5"后无数字且保留数字末位为奇数则进位，保留数字末位为偶数（包括"0"）则舍弃。

应注意：若被舍弃的数字包括几位数字，不得按照上述规则对该数字进行连续修约，而应在确定修约位数后一次修约获得结果。

（5）有效数字的运算规则

① 数据的加减运算过程中，结果的有效数字位数取决于绝对误差最大（小数点位数最少）的数值。

② 数据的乘除运算中，其积或商的有效数字位数，以各个近似值中有效数字位数最少的为准。

③ 有效数字在乘方和开方时，运算结果的有效数字位数与其底数的有效数字的位数相同。

2. 原始记录与数据整理

原始记录又叫原始凭证，它是通过一定的表格形式对机构各程序最初的（第一次）数字和文字的记载。

（1）原始记录的填写要求

① 要在实验的同时用签字笔或钢笔在本上填写相关记录，不应事后填写、回忆或转抄。

② 要详尽、清楚、真实地记录测定条件、仪器、数据和操作人员。

③ 数据应记录至测量仪器读数的有效数字的最后1位。

④ 更改记错的数据时，应在原始数据上画出一条横线（杠改），在旁边另写更正后的数据，并由更改人签章。不允许涂改、描改或刮改。

（2）原始记录中常出现的问题

分析实验人员在填写原始记录时，常常会出现以下几种问题：

① 人名章、以下空白章等不全。

② 存在描改。

③ 信息填写不完整。

④ 数据异常。

⑤ 数据更改不规范。

⑥ 字迹潦草。

分析人员或审核人员在填写或检查原始记录时，发现上述问题应及时改正，以保证原始记录准确无误。

第五节　实验室安全管理及应急预案

一、实验室安全管理

1．实验室的日常安全管理

实验室的日常安全管理应做到以下几点：

（1）实验室应与办公室、宿舍区等非实验区隔离开。

（2）化验分析人员应具备上岗证，掌握化验基础知识，熟悉所承担项目的分析方法、原理和干扰消除方法，掌握所用仪器设备的操作方法和安全使用规则，遵守技术规范。

（3）应建立健全实验室安全管理制度，设置防火、防盗措施，并应建立安全应急预案。

（4）应设安全员，负责实验室日常监督检查工作。

（5）应设置火灾烟雾报警器、灭火设施、紧急事故淋浴器、洗眼器和急救箱等安全防护设施和装备，并配有警示标志。

（6）应制定危险品化学品安全管理措施。剧毒、放射性物品的管理应按照双人验收、双人保管、双人领取、双把锁、双本账的制度执行；易燃、易爆、易腐蚀物品应按规定管理。

（7）检测过程中产生的有毒有害废弃物应实施无害化处理后再排放，或由专人依照物质的性质和危险品管理规定进行保管、建档、记录，并定期送往专业处理部门进行处理。

（8）应定期对检测人员进行安全教育培训及演练。

（9）进行危险作业时，检测人员应穿戴防护用品并有专人监护。

（10）检测结束后，应对水、电、气、门窗等进行安全检查。

2．实验室内水、电和消防安全管理

实验室内水、电和消防安全管理应做到以下几点：

（1）实验室应保证充足的电力供应，应按仪器设备需要配齐火线、地线、零线，确保电缆线拥有良好的绝缘性能，并配有明显标志。

（2）电源线的插头不能与插座虚接，要远离水源、废液桶、纸张、脱脂棉等易燃易爆物。当发生电力故障时，须由专业人员进行检查处理，化验人员不得私自拆接电力装置。复杂设备的多根电源线要合理布局，严禁乱接、错接。

（3）使用烘箱、高温炉、通风橱等电气设备时，要严格按照操作规程进行操作。

（4）不得使用电炉及其他禁用电气设备取暖、做饭。

（5）实验工作中应保证下水通畅，砂、渣、污泥、泥饼等大颗粒物禁止倒入下水

道；热水龙头必须有清晰的标志；水龙头用后要关紧，防止跑冒滴漏，一旦发生跑冒滴漏现象，须及时进行维修。

（6）应随时擦拭实验室地面、台面，保证没有积水。

（7）每名化验员都应熟悉灭火器的安全操作，清楚灭火器的存放位置，并定期对灭火器进行安全检查。

（8）下班前，应检查是否已关闭所有电源、水源，如因工作需要而不能断电的装置，应确保其没有安全隐患之后才能离开。

3．压力气瓶的安全管理

压力气瓶的搬运、存放和使用的注意事项如下：

（1）压力气瓶的搬运注意事项

① 搬运气瓶要轻拿轻放，在搬运气瓶前，应装上防震垫圈，旋紧安全帽，以保护开关阀，防止其意外转动和减少碰撞。

② 搬运充装有气体的气瓶时，一般用专用的担架或小推车，也可以用手平抬或垂直转动气瓶，但决不允许用手把着开关阀移动。

③ 充装有互相接触后可引起燃烧、爆炸气体的气瓶（如氢气瓶或氧气瓶），不能同车搬运或同存一处，也不能和其他易燃易爆物品混合存放。

④ 气瓶瓶体有缺陷、安全附件不全或已损坏，不能保证安全使用的，切不可再送去充装气体，应送交气瓶充装单位进行技术检查，确认合格后才能使用。

⑤ 应在具有充气资质、营业执照的单位充装气体。

（2）压力气瓶的存放、使用原则

① 压力气瓶必须分类分处保管，直立放置时要固定稳妥，使用时应加装固定环。气瓶要远离热源，避免暴晒和强烈震动；不适合放在楼内存放的压力气瓶，应存放在楼外气瓶房，但一定要注意分类分处保管。

② 为了避免各种钢瓶使用时发生混淆，常在钢瓶上漆上不同颜色，写明瓶内气体名称，具体标志见表1-6。

表1-6　各种气体钢瓶颜色和字样一览表

气体类别	瓶身颜色	字样	标字颜色	腰带颜色
氮气	黑色	氮	黄色	棕色
氧气	天蓝色	氧	黑色	
氢气	深绿色	氢	红色	红色
空气	黑色	空气	白色	
氩气	灰色	氩	绿色	
乙炔	白色	乙炔	红色	
氨气	棕色	氨	白色	

③ 压力气瓶上选用的减压器要分类专用，安装时螺扣要旋紧，防止气体泄漏。开、关减压器和开关阀时，动作必须缓慢。使用时，应先旋动开关阀，后开减压器；用完后，先关闭开关阀，放尽余气后，再关减压器；切不可只关减压器，不关开关阀。

④ 使用压力气瓶时，操作人员应站在与气瓶接口处垂直的位置。操作时严禁敲打或撞击压力气瓶，并应经常检查有无漏气，注意压力表读数是否正常。

⑤ 氧气瓶或氢气瓶等应配备专用操作工具，并严禁与油类接触。操作人员不能穿戴沾有各种油脂或易产生静电的服装和手套操作，以免引起燃烧或爆炸。

⑥ 装可燃性气体的气瓶和装助燃性气体的气瓶，与明火的距离应大于10 m（确难达到时，可采取隔离等措施）。

⑦ 用后的气瓶，应按规定留0.05 MPa以上的残余压力，不可将瓶内气体用尽。充装可燃性气体的气瓶应剩余0.2～0.3 MPa（约2～3 kg/cm²表压）压力；充装氢气的气瓶应保留2 MPa压力，以防重新充气时发生危险。

⑧ 必须对各种气瓶定期进行技术检查。充装惰性气体的气瓶，每5年检查1次；充装乙炔的气瓶每3年检查1次；充装一般气体的气瓶每3年检查1次。如在使用中发现瓶身有严重腐蚀或严重损伤，应提前对其进行检查。

（3）几种特殊气体的性质和安全使用要求

乙炔、氢气、氧气等特殊气体本身性质比较活泼，极易引发燃烧等事故，而高压气瓶在盛装这几种特殊气体时，危险性更高，因此须格外注意。

① 乙炔：是极易燃烧、容易爆炸的气体。含有7%～13%乙炔的乙炔–空气混合气体，或含有30%乙炔的乙炔–氧气混合气体最易发生爆炸。乙炔和氧、次氯酸盐等化合物混合也会发生燃烧和爆炸。存放乙炔气瓶的地方，要求通风良好。使用时，应装上回闪阻止器，还要注意防止气体回缩。如发现乙炔气瓶有发热现象，说明乙炔已发生分解，应立即关闭气阀，并用水冷却瓶体，同时最好将瓶体移至远离人员的安全处加以妥善处理。发生乙炔燃烧时，绝对禁止用四氯化碳灭火。

② 氢气：密度小，易泄漏，扩散速度很快，易和其他气体混合。氢气与空气混合气体的爆炸极限为4.0%～75.6%（体积比），此时，极易引起自燃自爆，燃烧速度约为2.7 m/s。氢气瓶应单独存放，最好放置在室外专用的气瓶房内，以确保安全，严禁放在实验室内，气瓶周围严禁烟火。存放时，应旋紧气瓶开关阀。

③ 氧气：是强烈的助燃气体，在高温下，纯氧十分活泼；温度不变而压力增加时，氧气可以和油类发生急剧的化学反应，并引起发热自燃，进而引发强烈爆炸。氧气瓶一定要避免与油类接触，并绝对禁止其他可燃性气体混入氧气瓶。禁止用（或误用）盛装其他可燃性气体的气瓶来充灌氧气。氧气瓶禁止放于阳光暴晒的地方。

4．微生物实验室的安全管理

微生物实验室是指进行微生物研究的场所，其安全管理要求如下：

（1）一般样品（无微生物检测项目）检测前，应先进行紫外线消毒，紫外线消毒时必须有明显的警示标志。

（2）操作人员进入无菌室前，应先关掉紫外灯，避免紫外灯直接照射眼睛。

（3）无菌操作前，用75％的酒精棉球擦手。进行无菌操作时，尽量减少空气流动。

（4）使用压膜机时，手指要远离膜入口处，以防灼伤。

（5）接触水样时，务必按规定佩戴医用手套和口罩，必须在生物安全柜内进行操作。

（6）检测完的菌种应在紫外灯下照射1 h后再丢弃。

（7）观察菌种时，严禁打开培养基。

（8）实验结束后，必须洗手并消毒。

5．化学实验室的安全管理

（1）化学实验室潜在的危险

① 空气中可能含有有毒物质，如化学试剂泄漏、辐射、感染性物质和未知的危害。暴露在环境中会引起健康问题。

② 不当的操作，如仪器操作技术不规范。

③ 发生意外，如电器漏电、仪器破碎、烫伤、他人误操作等。

（2）化学实验室的安全规则

① 操作人员应熟练掌握各实验步骤操作的注意事项，如浓硫酸的稀释等。

② 实验开始前，要检查药品和仪器是否齐全和完好，以免实验中出现闪失和意外；不用的仪器要及时放回原处；药品取用后，要立即将瓶盖盖好；滴瓶的滴管不能串用。

③ 配制有毒、有刺激性气味的气体的实验操作，应在通风橱中进行。

④ 取用酸、碱液体时，一定要佩戴防酸碱手套；有液体喷溅的可能时，要佩戴防护眼镜或面罩。

⑤ 加热液体时，试管中的液体量不宜太多，一般不超过试管体积的1/3，否则容易洒出；要注意加热的顺序、加热时试管口的方向；不能用明火直接加热易燃易爆试剂。

⑥ 受热仪器进行冷却时，将仪器从石棉网或三脚架上取下后，不能直接放在桌子上冷却，可在铁架台上或石棉网上冷却。受热的仪器不能直接放进冷水中冷却，以防破裂。

⑦ 实验室中不能带食品，严禁在实验室中喝水或吃东西。

⑧ 使用电气设备时，要谨防触电，不能用湿的手、物去接触电源。实验结束后，应及时拔下插头，切断电源。

（3）紧急事故的处理方法

① 如酸液洒在桌子上，立即用适量的碳酸氢钠中和，再用水冲洗，用抹布擦干。

② 如酸液沾到皮肤上，立即用大量清水冲洗，再涂上3％～5％的碳酸氢钠溶液。

③ 如碱液洒在桌子上，立即用适量的稀醋酸中和，再用水冲洗，用抹布擦干。

④ 如碱液沾到皮肤上，立即用大量清水冲洗，再涂上适量的硼酸溶液。

⑤ 如不慎碰倒酒精灯导致起火，立即用湿抹布扑盖或用干沙覆盖。

⑥ 如温度计水银球破裂，用硫黄粉覆盖其表面。

⑦ 如苯酚沾到皮肤上，立即用酒精擦拭。

⑧ 如误食铜或汞盐等重金属盐时，立即喝牛奶、豆浆或鸡蛋清解毒。

⑨ 如毒物进入口内，将5~10 mL稀硫酸铜溶液加入一杯温水中，内服后，用手指插入咽喉部，促使吐出毒物，然后立即前往医院。

⑩ 如发生创伤，不能用手触摸伤处，也不能用水洗涤。若是玻璃创伤，应先把碎玻璃从伤处挑出，轻伤可以涂红汞、碘酒，必要时撒些消炎粉或敷消炎膏，再用绷带包扎。

⑪ 烫伤：如发生烫伤，对于烫伤面积较小或四肢部位的轻度烫伤，应立即用大量冷水浸泡或冲洗，可起到减少伤害、减轻疼痛的作用，浸泡或冲洗时间一般为半小时。也可用3%~5%的高锰酸钾溶液擦拭损伤处至皮肤变为棕色，再涂凡士林或烫伤药膏，直接涂烫伤药膏也可。如受伤部位出现水疱，则需要注意保护水疱避免破溃，以防感染，用消毒纱布轻轻包扎伤处后立即前往医院治疗。如伤势较重，应保护创面，并尽快就医。

二、实验室突发事故处置方案

1. 气体泄漏事故的处置方案

发生气体泄漏事故时，要根据气瓶漏气情况启动分级响应。分级响应行动分为可燃气体泄漏和不燃气体泄漏两种情况。

（1）可燃气体泄漏的应对措施

可燃气体包括硫化氢、一氧化碳、甲烷、乙炔等，发生可燃气体泄漏事故时的应对措施如下：

① 当发现气瓶泄漏时，要在确保自身安全的情况下立即关闭气源开关；如报警装置报警，则应立即远离泄漏点。

② 现场人员迅速撤离泄漏污染区至上风处，并立即与泄漏地点进行25 m隔离，设置警戒线并严格限制人员出入。人员撤离到安全的地方后，应立即打电话向安全主管部门报告。

③ 如发生大规模气体泄漏事故，应立即通知所有人员马上疏散撤离。

④ 应急处理人员须佩戴正压式呼吸器，穿防火防毒服，戴化学安全防护眼镜、防化学品手套，随身携带便携式复合式气体检测报警仪，从上风处进入现场。

⑤ 尽可能切断泄漏气源，并打开窗户和通风橱进行通风，加速气体扩散；切断电源、火源，避免产生高热及火花。

⑥ 若不能立即切断泄漏气源，则不允许熄灭正在燃烧的气体，应拨打火警119请求援助。现场情况允许时，可喷水以冷却盛装气体的容器；可能的话，将容器从火场移至空旷处。

⑦ 现场可喷雾状水稀释、溶解泄漏气体。

⑧ 如果有人员中毒，应拨打120联系急救，及时启动人员中毒应急预案。

（2）不燃气体泄漏的应对措施

不燃气体包括氮气、氩气、氦气等，发生不燃气体泄漏事故时的应对措施如下：

① 当发现气瓶泄漏时，要在确保自身安全的情况下立即关闭气源开关；如报警装置报警，则应立即远离泄漏点。

② 现场人员应迅速撤离泄漏污染区至上风处，设置警戒线并严格限制人员出入。人员撤离到安全的地方后，立即打电话向安全主管部门报告。

③ 应急处理人员应佩戴正压式呼吸器、防化学品手套，避免与可燃物或易燃物接触；随身携带便携式复合式气体检测报警仪，从上风处进入现场。

④ 尽可能切断泄漏气源。打开窗户和通风橱进行通风，加速气体扩散。

2．气瓶爆炸事故的处置方案

实验室发生气瓶爆炸事故时的响应行动如下：

（1）通知实验楼内人员立即撤离到安全地带，同时确定危险区域，设置警戒线，禁止人员入内。

（2）在人员撤离的同时，安全管理部门应对警戒区拉闸断电。

（3）如果发生爆炸的气瓶是乙炔气瓶，应拨打119火警电话，向消防部门求助，由消防队员进行处理。

（4）如果气瓶爆炸并引起火灾，但火势不大，抢险人员应在穿好消防服、佩戴自给式呼吸器的情况下进入火场进行灭火。如果火势无法控制，应立即拨打119火警电话，向消防部门求助。

（5）如果不是乙炔或氧气气瓶爆炸，则应在确认设备稳定和空气无危害后，在抢险救灾人员的指挥下进入现场，进入现场后立即开窗通风。

（6）根据人员是否受到伤害和设置是否损坏，迅速采取必要的措施。对伤者要立即进行必要的抢救，同时拨打120急救电话。

（7）保护好事故现场，任何人均不得擅自移动现场物品。

3．危险化学品泄漏事故的处置方案

发生危险化学品泄漏事故时的应急处置程序如下：

（1）迅速打开门窗及通风橱，疏散有关人员。

（2）报告安全主管部门，通知上级领导，启动应急预案。

（3）设置警戒线，隔离污染区域。

（4）对于伤势严重者，应立即将其送往医院进行救治。若泄漏的危险化学品可能引起更大面积污染，安全主管部门应立即通知周边相关人员撤离。

（5）只准佩戴符合劳保要求且受过训练的抢险救灾人员及时清理泄漏的化学品。抢险救灾人员进入泄漏区域前，必须事先了解地形、物品摆放分布、有无燃烧及爆炸的危险、毒物种类及大致浓度，以便物资供应组选择合适的救援用品。

（6）若是危险化学品中的强酸洒落，应该及时用下列方法进行处理：

① 设立警示牌或障碍物以隔离现场，并及时警告附近的人员不得接近现场。

② 若是浓盐酸或浓硝酸等易挥发酸洒落，须马上开门窗进行通风。

③ 现场处理人员须戴防毒面具、防护手套，防止酸雾侵入体内。

④ 取生石灰或沙子将酸液覆盖，然后用铲子或簸箕将其清理干净，用大量水冲洗地面，再反复用潮湿的拖把拖地。

⑤ 现场人员应尽快更换外衣、鞋袜，以防止飞溅到衣物上的酸烧伤皮肤。

⑥ 若在处理强酸洒落时发生人员伤害，应用下列方法进行处理：

a. 如强酸沾到皮肤上，应用大量水冲洗15 min。（注意：不能立即用碱进行中和，如果立刻进行中和，则会产生中和热，有进一步扩大伤害的危险。）

b. 经充分水洗后，再用碳酸氢钠之类的稀碱液或肥皂液进行洗涤。（实验室应常备碳酸氢钠之类的稀碱液。）

c. 如草酸沾到皮肤上，应使用碳酸氢钠中和，不宜使用刺激性很强的碱性物质。（也可以用镁盐或钙盐中和。）

d. 如果滴在皮肤上的酸是浓硫酸，要先用干抹布轻轻将其擦去，再用水进行冲洗。

e. 如果滴在皮肤上的酸是氢氰酸，必须立即用水冲洗干净，并立即吸入亚硝酸异戊酯解毒，然后立即就医。

f. 如强酸进入眼睛，必须立即提起眼睑，用大量水冲洗15 min，并不时转动眼球，然后就医。

g. 如发生大面积烫伤，进行上述处理的同时还应迅速拨打120寻求急救。

（7）处理强碱洒落时，应穿戴防护眼镜与手套，清扫泄漏物，并将其慢慢倒至大量水中，同时用水冲洗地面，经稀释的污水应排入废水系统。

（8）处理挥发性有机试剂洒落时，应穿防护服，戴防毒面罩，用沙土吸收试剂后，将其移至空旷处。

4. 化学品爆炸事故的处置方案

实验室发生化学品爆炸事故时的应急处置方案如下：

（1）在工作中发生化学品爆炸，如操作人员未受伤，应立刻切断现场水电，并与其他人员一起撤离现场。如操作人员受伤，应立刻大声呼救，引起其他工作人员注意。如受伤的操作人员已失去意识，其他工作人员在不清楚情况、未做防护的状态下，不可盲目冲入现场救人。

（2）实验室无人情况下或发现远距离某处发生爆炸时，应立刻通知安全主管部门，并且通知其他实验室人员撤离现场，不可独自到爆炸处查看。

（3）现场人员不得在爆炸发生处附近停留或围观，要立即避开危险处，撤离到安全的地方。

（4）确定发生爆炸的岗位并向应急组报告，通知实验室内所有人员立即撤离到安全地带，同时由环境检测组确定危险区域，由警戒保卫组拉起警戒线，禁止人员入内。

（5）如爆炸物为挥发性有毒化学品，或由于爆炸造成其他化学试剂泄漏，应组织专业人员对化学试剂进行收集和处理。

（6）如爆炸物为可燃或易燃性化学品，应立刻切断周围明火、热源及电源；如已经起火，应立刻启动火灾专项应急预案。

（7）如发生液体飞溅导致人员烧伤、烫伤，应启动实验室现场处置方案。

（8）由环境检测组确认设备稳定和空气无危害后，所有人均应在抢险救灾组的指挥下方可进入现场。

（9）确定现场人员是否受到伤害以及设备是否损坏，并迅速采取必要的措施。医疗救护组对伤者要立即进行必要的抢救，同时拨打120寻求急救。

（10）警戒保卫组应保护好事故现场，任何人均不得擅自移动现场物品。

5．灼伤、烫伤事故的处置方案

发生灼伤、烫伤时的应急处置措施如下：

（1）发生灼伤、烫伤事故时，应立即消除热源、火源，用冷水冲洗伤口后涂抹烫伤膏。

（2）如是火灾引起的烧伤，受伤人员在现场应立即脱去着火的衣物，用水浇灭火焰或迅速卧倒在地滚压灭火。切忌带火奔跑、呼喊，以免导致呼吸道烧伤。

（3）发生烫伤后，一般用浓的（90%～95%）酒精消毒后，涂上苦味酸软膏。如果伤处红痛或红肿（一级灼伤），可用橄榄油或用棉花沾酒精敷盖伤处；若皮肤起泡（二级灼伤），不要弄破水泡，防止伤处感染；若伤处皮肤呈棕色或黑色（三级灼伤），应用干燥且无菌的消毒纱布轻轻包扎好伤处，立即前往医院治疗。发生二级灼伤（有水泡）、三级灼伤时，勿直接冲水，在冲水前必须覆盖毛巾再冲水。

（4）强碱（如氢氧化钠、氢氧化钾）、钠、钾等化学品触及皮肤而引起灼伤时，要先用大量自来水冲洗伤处，再用5%乙酸溶液或2%乙酸溶液冲洗。

（5）强酸、溴等化学品触及皮肤而致灼伤时，应立即用大量自来水冲洗伤处，再以5%碳酸氢钠溶液或5%氢氧化铵溶液洗涤。

（6）酚触及皮肤引起灼伤时，应用大量的水清洗伤处，并用肥皂和水洗涤，忌用乙醇。

（7）应将烫（灼）伤部位的衣物移除；但若衣物与皮肉已粘在一起，则不得强行移除。

（8）受到高温物料或蒸汽烫（灼）伤时，应立即除去湿衣服、脱去裤袜，可将受伤肢体在15~20 ℃的冷水中浸泡0.5~1 h，以减轻烫（灼）伤程度。如伤势较重，应立即前往医院救治。

（9）凡溶于水的化学药品进入眼睛，应立即用水洗涤，然后根据不同情况分别处理：如属碱类灼伤，则用2%的医用硼酸溶液淋洗；如属酸类灼伤，则用3%的医用碳酸氢钠溶液淋洗；情况严重者应立即前往医院治疗。

（10）口腔内发生化学灼伤时，应迅速用蒸馏水或自来水漱口，然后酌情处理。如属碱类灼伤，用2%的硼酸溶液反复漱口；如属酸类灼伤，则用3%的碳酸氢钠溶液反复漱口。最后，都应再用洁净水多次漱口。

6．割伤、划伤事故的处置方案

（1）发生割伤事故后，应检查伤口内有无玻璃或金属碎片，然后用温开水或生理盐水洗净伤口，用酒精擦洗伤口后，再进行包扎。

（2）避免玻璃割伤的最基本原则是勿对玻璃仪器的任何部分施加过度的压力或张力。

（3）如有玻璃屑扎入伤口，能自行取出的，必须用已消毒的镊子取出，经过酒精擦洗消毒后用创可贴包扎伤口。

（4）伤口较小可直接用创可贴包扎，若伤口较大或过深而大量出血，应迅速在伤口上部和下部扎紧血管止血，用绷带包扎后，立即到医院诊治。

（5）头部受伤出血时，最好用手指压迫靠近耳朵附近触及脉搏的地方。其后，用包头布把头部周围紧紧包扎起来，再前往医院进行进一步医治。

（6）脸部有外伤并出血，有堵塞呼吸道的危险时，要使伤者俯伏着，这样容易排出分泌物或流出的血，也可防止舌头下坠堵塞气管。包扎伤口后，将伤者送往医院进一步医治。

（7）颈部受伤时，必须进行恰当的处理。大量出血时，可压迫颈部后面的颈总动脉，但要注意防止伤者窒息。包扎伤口后将伤者送往医院，进行进一步医治。

（8）及时清理破碎的玻璃器皿，以免造成其他人员发生割伤事故。

7．触电事故的处置方案

（1）在抢救触电者脱离电源时，可用干燥的衣服、绳索、木板、木棒、竹竿、绝缘杆等绝缘物作为工具，拉开触电者或挑开电源线使之脱离电源。如果触电者因抽筋而紧握电线，可用干燥的木柄斧、胶把钳等工具切断电线，或用干木板、干胶合板等绝缘物插入触电者身下以隔断电流。

（2）灭火时，应使用适宜的灭火器材进行灭火。

（3）工作人员对触电事故现场进行检查和修复时，应穿好绝缘鞋，使用绝缘工具。

（4）实验室应备有急救物资，包括医用纱布、医用酒精、云南白药、创可贴等，并要求岗位人员熟悉正确使用急救物资的方法。

本章参考文献

国家环境保护总局《水和废水监测分析方法》编委会.水和废水监测分析方法[M].4版.北京：中国环境科学出版社，2002.

齐文启，孙宗光，石金宝.环境监测实用技术[M].北京：中国环境科学出版社，2006.

住房和城乡建设部.城镇供水与污水处理化验室技术规范：CJJ/T 182—2014[S].北京：中国建筑工业出版社，2014.

第二章

基础操作

第一节 称 量

一、称量的定义

称量是指测量物体的轻重，是分析化学实验中的重要操作。

二、称量的用具——分析天平

称量中最重要的仪器是分析天平，需要先掌握分析天平的构造、使用方法和注意事项，才能准确称量。

1．分析天平的定义

分析天平是化学实验中进行准确称量的最重要的仪器。分析天平是精密仪器，使用时要按照天平的使用规则认真、仔细操作，做到准确、快速完成称量而又不损坏天平。常用分析天平（电子天平）的构造见图2-1。

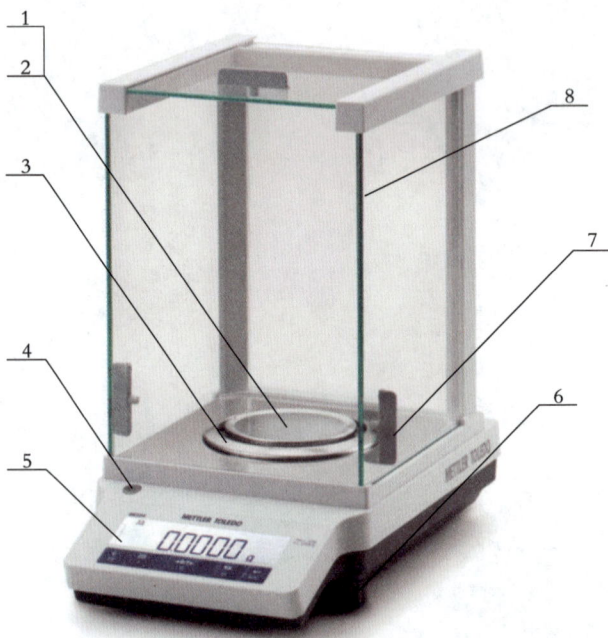

1—秤盘；2—秤盘座（在秤盘下）；3—防风圈；4—水平指示器；5—显示窗；
6—T形水平调节脚；7—防风门的操作手柄；8—玻璃防风罩。

图2-1 分析天平（电子天平）的构造

通常根据构造原理不同，将分析天平分为机械式天平和电子天平两大类。机械式天平利用杠杆原理工作，具有结构直观的优点，但缺点是天平零件复杂，操作要求高且费时。电子天平采用电磁力平衡原理工作，其特点是称量准确、结果显示快速清晰，且具有自动检测系统、简便的自动校准装置和超载保护装置。在分析化学实验中，通常用电子天平来称量物体质量。因此，本节内容以电子天平为例对分析天平进行详细介绍。

2．分析天平的使用方法

（1）称量前的检查与准备

称量前，拿下天平的防尘罩，接通电源，打开电源开关和天平开关，并预热30 min。

（2）调平

电子天平一般有2个水平调节脚，有的位于天平后部，也有的位于天平前部，见图2-2。旋转这2个水平调节脚，就可以调节天平水平。电子天平有一个水平指示器，水平指示器中的气泡位于液腔中央时，称量才准确。调平前，先确认天平是否处于水平状态。调平时，观察水平指示器中气泡的位置，旋转天平的2只水平调节脚，将气泡调整至水平指示器中央，见图2-3（a）。调好之后，应尽量不要搬动天平，否则，水平指示器中的气泡可能会发生偏移，见图2-3（b）。水平指示器中的气泡一旦发生偏移，天平须重新调平。

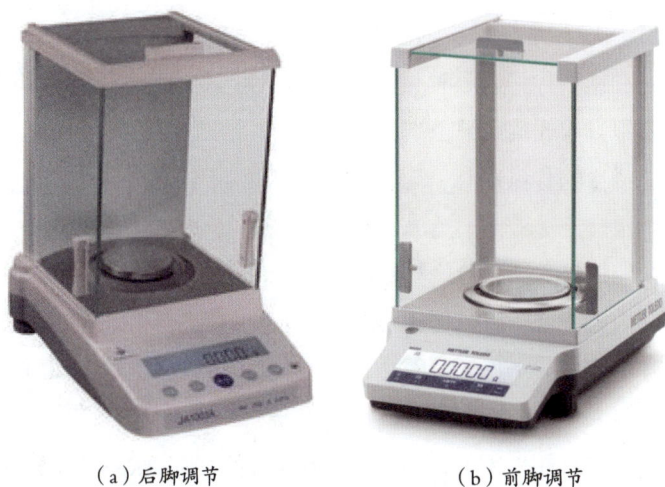

（a）后脚调节　　　　　　　　　（b）前脚调节

图2-2　天平的水平调节

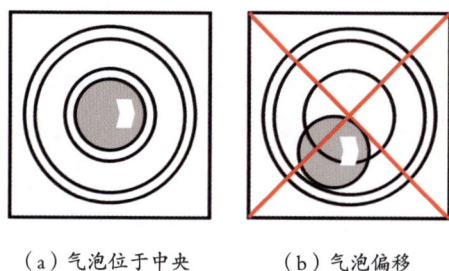

（a）气泡位于中央　　　　（b）气泡偏移

图2-3　水平指示器中的气泡位置

（3）校准

为获得准确的称量结果，天平必须进行校准，以使天平达到最佳工作状态。校准天平也视环境条件而定，在以下场合必须进行校准天平操作：首次使用天平称量之前；已断开天平电源或出现电源故障；环境发生巨大变化（例如：温度、湿度、气流发生变化或产生振动）后；称量了一段时间。校准时，应按照电子天平说明书，使用内装校准砝码或外部自备有修正值的校准砝码进行操作。

（4）称量

将称量物放在秤盘上，当稳定标志"g"出现于显示窗上时，表示天平的读数已稳定，此时天平的显示值即为该物品的质量。

（5）记录

称量完毕后，要清洁天平，并填写天平使用记录，记录天平的使用日期、使用时间、温度、湿度、样品名称、天平状态以及使用人员等信息。

3. 使用分析天平的注意事项

分析天平是精密的称量仪器，其称量结果是否准确对分析实验结果有重要影响。为保证分析天平称量结果准确无误，在使用时应注意以下几点：

（1）开、关天平的动作都要轻、缓，切不可用力过猛、过快，以免造成天平部件脱位或损坏。

（2）调节零点和读取称量读数时，要留意天平侧门是否已关好。要准确快速地将称量读数记录在实验报告本或实验记录本上。

（3）称量热的或冷的称量物时，应将其置于干燥器内，直至其温度同天平室温度一致后，才能进行称量。

（4）天平的前门仅供安装、检修和清洁时使用，平时不要打开。

（5）在天平箱内放置变色硅胶作为干燥剂，当变色硅胶变红后，应及时更换。

（6）注意保持天平、天平台、天平室的安全、整洁和干燥。天平室的温度应为10~30 ℃，湿度应为15%~80%。

（7）天平箱内不可有任何遗落的药品。如有遗落的药品，应用毛刷及时清理干净。

（8）用完天平后，应罩好天平罩。最后在天平使用记录簿上登记。

三、称量的操作方法

常用的称量方法有直接称量法、固定质量称量法和递减称量法。下面分别介绍这三种称量方法：

1. 直接称量法

直接称量法是将称量物直接放在天平秤盘上称量物体质量的方法。例如：称量小烧杯的质量，容量器皿校正中称量某容量瓶的质量，重量分析实验中称量某坩埚的质量，等等，都使用直接称量法。

2．固定质量称量法

固定质量称量法又称增量法，此法用于称量某一固定质量的试剂（如基准物质）或试样。这种称量操作的速度很慢，适于称量不易吸潮、在空气中能稳定存在的粉末状或小颗粒（最小颗粒直径应小于0.1 mg，以便精细地调节其质量）样品。注意：若不慎加入试剂超过指定质量，可以用牛角匙取出多余试剂。重复多次上述操作，直至试剂质量符合指定要求为止。严格要求时，取出的多余试剂应弃去，不要放回原试剂瓶中。操作时，不能将试剂洒落于天平秤盘等容器以外的地方，称好的试剂必须定量地由表面皿等容器直接转入接受容器，此即所谓的"定量转移"。固定质量称量法的操作见图2-4。

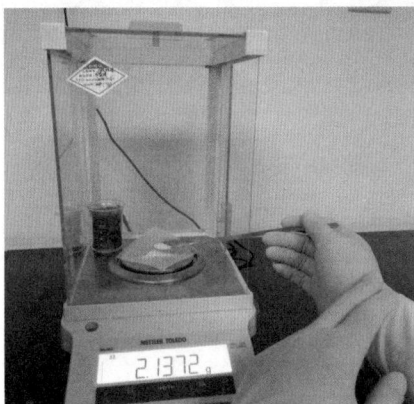

图2-4　固定质量称量法的操作示意图

3．递减称量法

递减称量法又称减量法，此法用于称量一定质量范围的样品或试剂。在称量易吸水、易氧化或易与二氧化碳等反应的样品时，可选择此法。由于称取试样的质量由两次称量之差求得，故也称为差减法。递减称量法的称量步骤（图2-5）如下。

（1）用纸带（或纸片）夹住称量瓶后，从干燥器中取出称量瓶（注意：不要让手指直接触及称量瓶和瓶盖）。然后，用纸带（或纸片）夹住称量瓶盖柄，打开瓶盖。再用牛角匙向称量瓶中加入适量试样（一般为称一份试样量的整数倍），盖上瓶盖，将称量瓶放在天平上，称出称量瓶加入试样后的准确质量。

（2）将称量瓶从天平上取出，在承接试样的容器的上方倾斜瓶身，用称量瓶瓶盖轻敲瓶口右上部，使试样缓缓落入容器中，瓶盖始终不要离开容器上方。当倾出的试样接近所需量（可从体积上估计或试重得知）时，一边继续用瓶盖轻敲瓶口，一边逐渐将瓶身扶正，使黏附在瓶口上的试样落回称量瓶，然后盖好瓶盖，将称量瓶从容器上方移开，再准确称量其质量。

（3）用前一次称量的称量瓶加试样的质量减去后一次称量的质量，即为所需试样的质量。按上述方法连续操作，可称量多份试样。有时很难一次性得到合乎质量范围要求的试样，可重复上述称量操作1～2次。

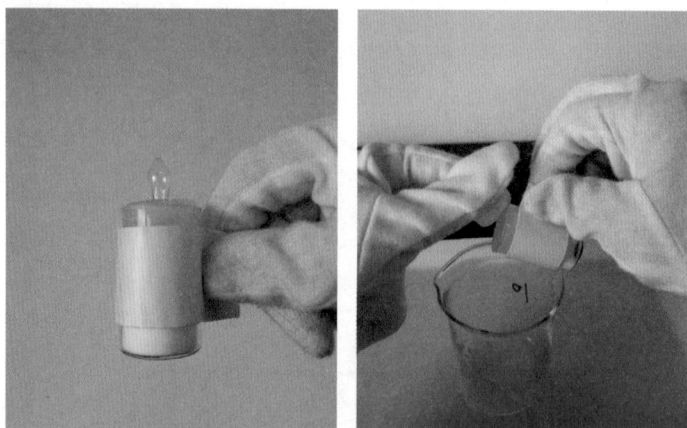

(a) 取出称量瓶　　　　(b) 用称量瓶瓶盖轻敲瓶口

图2-5　递减称量法的重点步骤

第二节　移　液

一、移液的定义

移液是指转移溶液，即从某一容器中移取一定量的溶液至另一容器中，是化学实验中的一项基本操作。在水质化验中，配制溶液、稀释溶液、添加试剂等步骤均需进行移液操作。因此，掌握正确的移液方法是保证水质化验结果准确性的重要条件。

二、移液的用具

常用的移液用具有移液管、移液器和量筒，见图2-6。

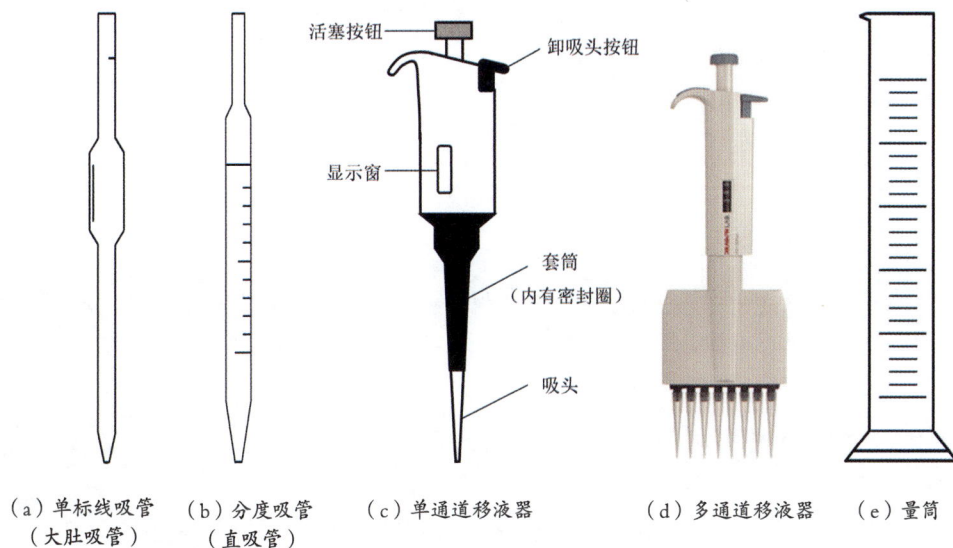

（a）单标线吸管 　（b）分度吸管 　（c）单通道移液器 　（d）多通道移液器 　（e）量筒
　（大肚吸管）　　　（直吸管）

图2-6　常用移液用具

1. 移液管

移液管是用于准确移取一定体积的液体的量器。移液管是一种量出式仪器，只能用于测量经移液管放出的溶液的体积。当需要准确地移取一定体积的液体时，可以使用移液管。移液管包括单标线吸管［俗称大肚吸管，见图2-6（a）］和分度吸管［俗称直吸管，见图2-6（b）］两种。单标线吸管上部有一条标线，吸入液体的弯月面与此线相切时，自然放出液体的总体积就是其容量（此为不带"吹"字标志的大肚吸管）。单标线吸管一般常用的规格有5 mL、10 mL、25 mL等。分度吸管是刻有分度线的玻璃管，常用的规格有1 mL、5 mL、10 mL等，可以量取非整数体积的液体，最小分度为0.01 mL。

2. 移液器

移液器又称移液枪，是一种用于定量转移液体的精密仪器。移液器的基本结构主要包括活塞按钮（体积调节按钮）、卸吸头按钮、显示窗、套筒、密封圈和吸头（枪头）等几个部分。移液器有多种分类方法，根据能够同时安装吸头数量的不同，可将移液器分为单通道移液器和多通道移液器，分别见图2-6（c）和图2-6（d）。由于使用移液器进行定量转移液体的操作非常简便，因此其在化学实验中应用非常广泛。

3. 量筒

量筒是一种用于定量量取液体的仪器，常见的量筒为玻璃材质，也有少数用透明塑料制造而成的，见图2-6（e）。量筒较移液管、移液器而言，准确度较差，一般用于粗略移取液体。

三、移液的操作步骤

移液操作因所用移液用具不同而略有区别，量筒操作较简单，下面主要介绍移液管操作和移液器操作。

1. 移液管移液的操作步骤

（1）使用前的操作

使用移液管前，首先要看一下移液管的标记、准确度等级、刻度标线位置等。

（2）润洗与吸液

吸液前，需要润洗移液管。润洗的步骤如下：

用右手的拇指和中指捏住移液管的上端，将移液管的下口插入待吸取的溶液中。不要插入太浅或太深，一般插入10～20 mm。插入太浅会产生吸空，把溶液吸到洗耳球内弄脏溶液；插入太深移液管外会黏附过多溶液。左手拿洗耳球，接在管的上口，缓慢地将溶液吸入该管容量的1/3左右。用右手的食指按住管口，取出移液管，横持，并转动移液管使溶液接触到刻度以上部位，以置换内壁的水分。然后，将溶液从移液管的下口放出并弃去，用洗耳球从上端管口吹气，将末端保留溶液吹走。最后，用滤纸将沾在移液管外壁的液体擦掉。反复润洗移液管3次后，即可吸取溶液至刻度以上，然后立即用右手的食指按住移液管上口，见图2-7。

图2-7 吸液操作

（3）调节液面

将移液管向上提升离开液面，用滤纸将沾在移液管外壁的液体擦掉。让移液管的末端仍靠在盛放溶液的器皿内壁上，且保持管身直立。略微放松食指（有时可微微转动吸管），使移液管内溶液慢慢从下口流出，直至溶液的弯月面底部与标线相切为止，立即用食指压紧管口。看刻度时，眼睛应与移液管的刻度平行，以最下面的弯月面为准。将移液管尖端的液滴靠壁去掉，移出移液管，并用滤纸将外壁擦干，插入承接溶液的器皿中。调节液面操作见图2-8。

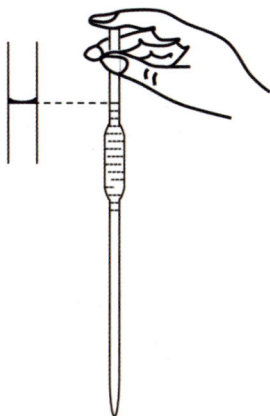

图2-8　调节液面操作

（4）放出溶液

承接溶液的器皿若是锥形瓶，应使锥形瓶倾斜30°，保持移液管直立，移液管下端紧靠锥形瓶内壁。稍松开食指，让溶液沿瓶壁慢慢流下，待溶液流完后，让移液管尖端继续接触瓶内壁约15 s，再将移液管移去。残留在移液管末端的少量溶液，不可用外力强行使其流出，因校准移液管时已将末端保留的溶液体积考虑在内。放液操作见图2-9。

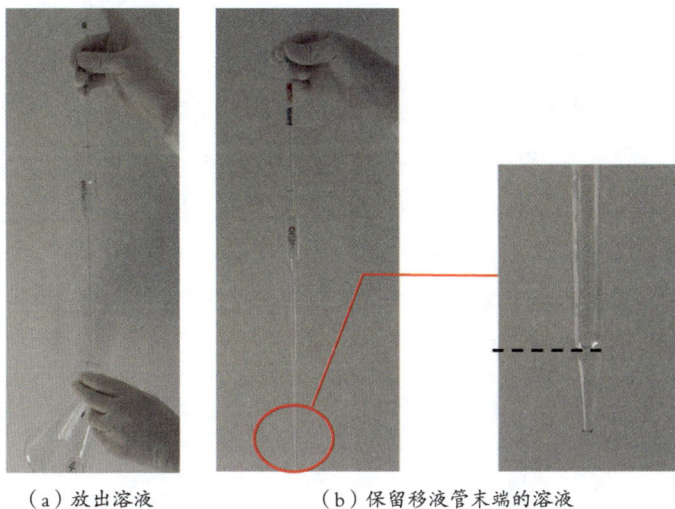

（a）放出溶液　　　　　　（b）保留移液管末端的溶液

图2-9　放液操作

2．移液器移液的操作步骤

使用移液器移液的完整流程见图2-10。

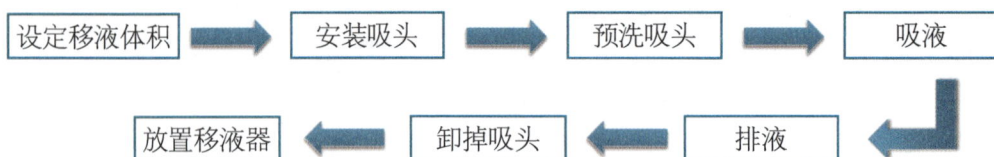

设定移液体积 ➡ 安装吸头 ➡ 预洗吸头 ➡ 吸液

放置移液器 ⬅ 卸掉吸头 ⬅ 排液 ⬅

图2-10　移液器的移液流程

（1）设定移液体积

正确的体积设定可以提高0.5%的移液准确性。设定移液体积有以下两种方法：

① 从大体积到小体积

直接由大体积调至小体积即可，见图2-11（a）。

② 从小体积到大体积

先顺时针旋转刻度旋钮至超过设定体积的刻度1/3圈后，再回调至设定体积，可保证最佳精度，见图2-11（b）。

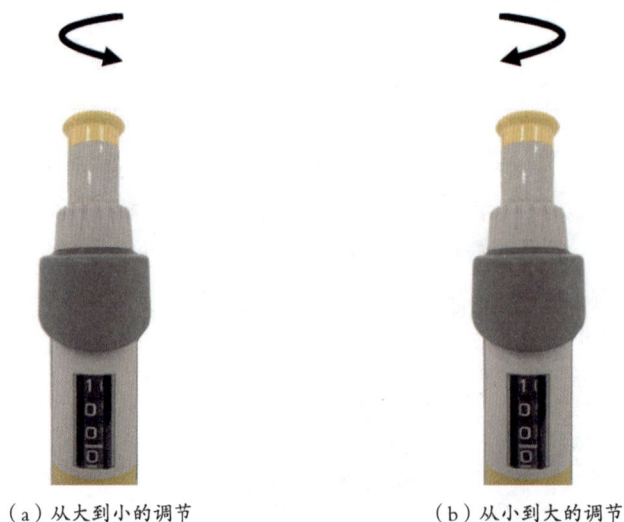

（a）从大到小的调节　　　　　　（b）从小到大的调节

图2-11　设定移液体积

（2）安装吸头

必须按照正确方法安装吸头，如安装错误，会导致漏液、移液结果不准确等情况发生。现将安装吸头的方法和注意事项分别介绍如下：

① 安装吸头的方法：

a．单通道移液器安装吸头的步骤：将移液器垂直插入吸头，左右小幅度旋转，上紧即可。具体操作见图2-12。

b．多通道移液器安装吸头的步骤：将多通道移液器的第一道对准第一个吸头，然后倾斜地插入，左右转动或前后摇动即可卡紧。

② 安装吸头的注意事项

安装吸头时不可用力敲击吸头，否则会有如下影响：

a. 吸头变形，从而影响准确性。

b. 吸头锥在强力摩擦下磨损或损坏，影响密封，从而影响准确性。

c. 移液器的内部配件（如弹簧）因敲击产生的瞬时撞击力而变得松散，甚至会导致刻度调节旋钮卡住，对移液器造成不必要的损伤。

吸头安装不好会带来高达5%的移液误差，甚至造成移液失败。

（3）预洗吸头

设定好移液体积后，应预洗吸头，即用移液器将待转移的液体反复吸取、排放2~3次，见图2-13。预洗吸头的作用如下：

① 使吸头内壁形成一层液膜，使表面吸附形成饱和，降低吸头对样品的吸附，确保移液准确度。

② 有助于提高吸头进行多次相同移液操作的一致性。在吸取高蒸气压的液体时，挥发性气体会使套筒内气隙膨胀，从而产生漏液的情况，导致移液体积不准确。通过至少5次预洗，可以让套筒内的气压达到饱和，负压就会自动消失。

通过预洗吸头可提高0.5%的移液准确性，但是高温或低温的样品不适宜预洗。

（4）吸液

吸取液体时，先将移液器活塞按钮按至第一停止点，再将吸头尖端垂直浸入液面以下一定深度，然后缓慢均匀地松开活塞按钮直至其回到原点，切记不能松开过快。待吸头吸入溶液后静置2~3 s，将吸头斜贴在容器壁上，让吸头外壁多余的液体流走。使用移液器吸液时应注意以下几方面：

① 吸头浸入深度

使用移液器吸液时，吸头的浸入深度应根据盛放液体的容器大小灵活掌握，不能过深，以避免吸头外壁吸附液体，从而影响结果的精准度。吸头浸入合适的深度进行吸液操作可提高1%的移液结果准确性（微量移液器可达5%）。吸头浸入深度见

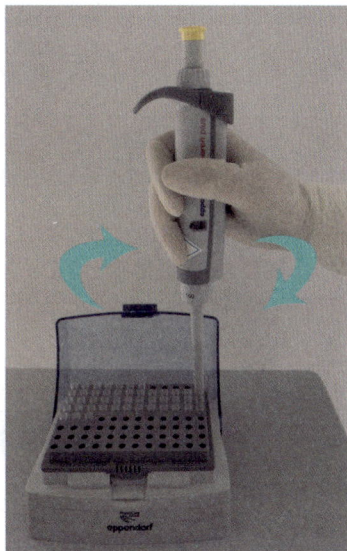

图2-12 安装吸头操作

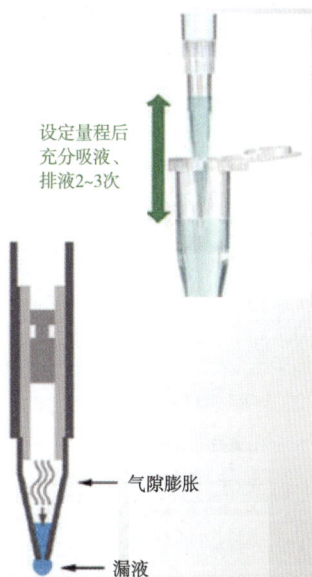

设定量程后充分吸液、排液2~3次

气隙膨胀

漏液

图2-13 预洗吸头操作

表2-1。

表2-1 移液器吸头浸入深度

移液器量程/μL	吸头最佳浸入深度/mm
0.1~1	1
1~100	2~3
101~1 000	2~4
1 001~10 000	3~6

② 吸液速度

移液操作应保持平顺、合适的吸液速度，过快的吸液速度会导致以下情况：

a. 样品形成旋涡，产生气泡。

b. 样品溶液进入套柄，对活塞和密封圈造成损伤。

c. 带入气雾，造成样品交叉污染。

不合适的吸液速度会导致准确性至少下降5%。另外，吸液时可使用带滤芯的吸头，避免样品交叉污染。

③ 吸头停留时间

使用移液器吸液时，应保持吸头浸入液面至少1 s。尤其是使用大量程的移液器时，吸头停留时间对吸取大容量样品或者高黏度样品的准确性尤为重要，建议至少停留3 s，再将吸头缓慢移开液面。

（5）排液

排液时，下压活塞按钮至第一停止点后略加停顿，再继续下压活塞按钮到达第二停止点或通过第二停止点直至底部。正确的排液操作可提高1%的移液准确性。排液的几种方式（图2-14）如下。

① 沿容器内壁排液：将吸头尖端贴在容器内壁，且让吸头与容器内壁保持较小角度，然后将液体排入容器中，这样可减少或消除排液后残留在吸头上的样品，从而确保良好的排液效果。大多数情况下均选择该方式进行排液。

② 在液面上方排液：即将吸头置于容器内的液面上方进行排液，一般不用该方式。

③ 插入液面下排液：即将吸头插入液面下再进行排液，这种方式主要用于小量程移液器或者特殊液体（如易挥发液体）的排液。注意：采用此种方式进行排液时，要保持活塞按钮处于下压状态才能让移液器离开液面，否则容易导致倒吸。

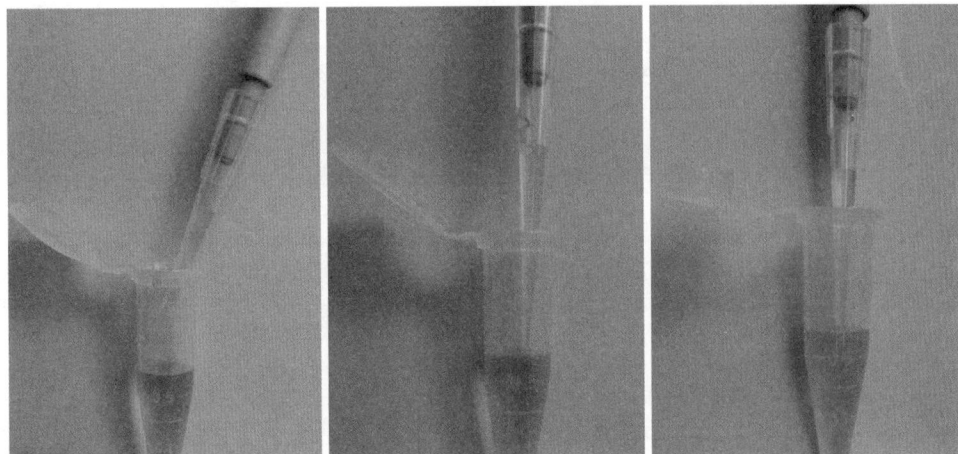

| （a）沿容器内壁排液 | （b）在液面上方排液 | （c）插入液面下排液 |

图2-14 排液操作

（6）卸掉吸头

按下移液器上方的卸吸头按钮将吸头卸掉，放入盛装吸头的容器中。注意：卸掉的吸头不可与新吸头混放，以免产生交叉污染。

（7）放置移液器

实验间隙，将移液器放置于移液器支架上，有利于避免手温影响实验结果。长时间不用时（如当天实验结束），应将移液器调回最大量程，并将其竖直挂在移液器支架上。当移液器吸头里有液体时，切勿将移液器水平放置或倒置，以免液体倒流腐蚀活塞弹簧。

（8）常见故障及解决方案

移液器常见故障及解决方法见表2-2。

表2-2 移液器常见故障及解决方法

故障类型	原因	解决方案
移液器滴液或渗漏	吸头松脱	旋紧吸头
	吸头匹配性不好	更换吸头
	吸头锥管嘴损伤	更换移液器管嘴
	残留的试剂污染活塞	清洗活塞吸头；活塞污染严重时须更换活塞
	活塞损坏	更换活塞和密封圈
	活塞的密封圈损坏	更换密封圈并重新润滑活塞
	套筒损坏	更换套筒

（续表）

故障类型	原因	解决方案
按钮移动不顺畅	密封圈因试剂挥发而溶胀	拆开移液器，通风；如有必要，重新润滑活塞；如溶胀明显且不可恢复，更换密封圈并润滑密封圈和活塞
	活塞损坏或被沉淀物覆盖	更换活塞和密封圈
移液量不准	移液器渗漏	检查移液器气密性，并进行相应处理
	移液器被误调	重新校准
	未执行良好的操作规范	按前述移液器操作步骤重新移液

第三节　配制溶液

一、配制溶液的定义

在化学实验中，配制溶液是指用化学试剂和溶剂（一般是水）配制出一定浓度的溶液的过程。

二、配制溶液的用具

配制溶液的用具有：分析天平（固体溶质）、药匙（固体溶质）、移液管（液体溶质）、量筒、烧杯、玻璃棒、洗瓶、容量瓶、滴管，见图2-15。

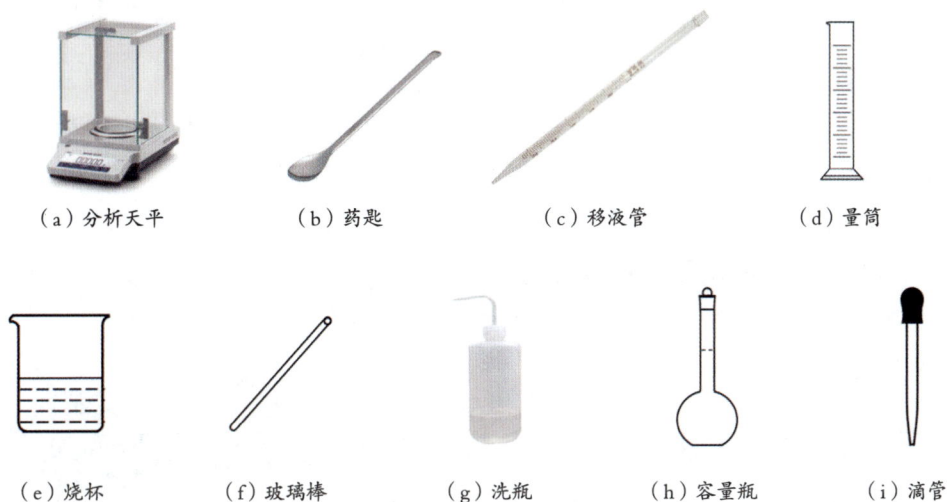

（a）分析天平　　　（b）药匙　　　（c）移液管　　　（d）量筒

（e）烧杯　　　（f）玻璃棒　　　（g）洗瓶　　　（h）容量瓶　　　（i）滴管

图2-15　配制溶液的用具

1. 药匙

药匙是用于取用粉末状或小颗粒状的固体试剂的工具，通常由金属、牛角或塑料制成，见图2-15（b）。大多数药匙只有一端有勺，但也有些药匙两端各有一个勺，两个勺一大一小，在使用时可根据固体试剂用量的不同进行选择。

2. 烧杯

烧杯是一种圆柱形的玻璃器皿，其顶部一侧开有一个槽口，便于倾倒液体，见图2-15（e）。烧杯通常由普通玻璃、塑料或耐热玻璃制成，经常用于配制溶液或作为化学反应的容器。

3．玻璃棒

玻璃棒是一种玻璃材质的细长的棒状简易搅拌器，也称为玻棒，见图2-15（f）。它常用于加速溶解溶质、引流、蘸取液体以及在蒸发皿中搅拌以防止因受热不均匀而引起液体飞溅等。

4．洗瓶

洗瓶是化学实验室中用于盛装清洗溶液的一种容器，并配有发射细液流的装置，常用于溶液的定量转移和沉淀的洗涤、转移，见图2-15（g）。

5．容量瓶

容量瓶也叫量瓶，它是用于准确配制一定物质的量浓度的溶液的精确量器，见图2-15（h）。它是一种带有磨口玻璃塞的细长颈、梨形平底的玻璃瓶，颈上有刻度。容量瓶在指定温度下，瓶内溶液达到标线处时的体积即为容量瓶所标注的容积，这种一般是量入的容量瓶。也有刻两条标线的容量瓶，上面一条标线表示量出的容积，常和移液管配合使用。容量瓶的规格有很多种，小的有5 mL、25 mL、50 mL、100 mL等规格，大的有250 mL、500 mL、1 000 mL、2 000 mL等规格。容量瓶主要用于直接配制法配制标准溶液、准确稀释溶液和制备样品溶液。

6．滴管

滴管是一种用于吸取或滴加少量液体的工具，见图2-15（i）。滴管分为胖肚滴管和常用滴管两种，一般由橡胶乳头和尖嘴玻璃管构成。使用滴管吸取液体时，要用手指捏紧橡胶乳头，赶出滴管中的空气，然后将滴管插入试剂瓶中，松开手指，液体即被吸入滴管中。使用滴管滴加液体时，应保持滴管直立于容器正上方，不可伸入容器内部且不可触碰容器壁，然后用手指捏紧橡胶乳头，即可将液体滴加至容器中。

三、配制溶液的操作步骤

一般用固体试剂或液体试剂配制实验所需的溶液，配制溶液的步骤分为计算、称量或量取、溶解、冷却、试漏、转移、洗涤、定容、摇匀等环节。

1．计算

根据所配溶液的浓度，计算所需固体的质量或所量取液体的体积。

2．称量或量取

根据计算结果，用分析天平完成固体试剂的称量，用量筒等移液用具量取液体试剂。

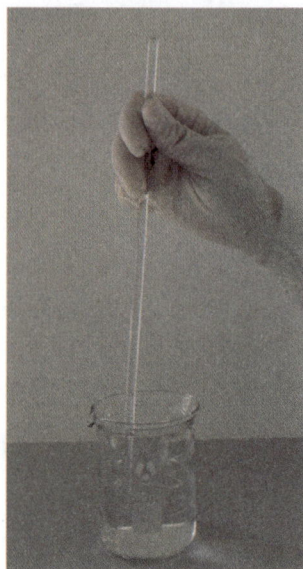

图2-16　搅拌溶解操作

3．溶解

在烧杯中用一定量的蒸馏水溶解称量或量取好的试剂，并用玻璃棒搅拌溶解（如液体放热，应先让液体冷却，且不可在容量瓶中冷却），见图2-16。

4．试漏

试漏是指试验容量瓶是否漏水的过程，漏水的容量瓶不可使用。试漏的具体步骤（图2-17）为：向容量瓶中倒入一定量的水，塞紧瓶塞，用一只手的食指顶住瓶塞，另一只手托住瓶底，将容量瓶倒立1~2 min后，用滤纸沿瓶口轻轻擦拭，观察是否漏水。若不漏水，将容量瓶正立，瓶塞旋转180°后重复上述步骤；若仍不漏水，则表示该容量瓶可以使用。

5．转移

转移是指将溶解后的液体用玻璃棒引流至容量瓶中，见图2-18。

6．洗涤

由于玻璃棒和烧杯中会残留少量溶液，需用蒸馏水洗涤玻璃棒和烧杯2~3次，洗涤溶液也要用玻璃棒引流至容量瓶中。

7．定容

（1）定容的定义

定容是在小烧杯转移、玻璃棒引流之后的一步。在使用容量瓶配制准确浓度的溶液时，加水至离刻度线2~3 cm的时候，改用滴管吸水并将水滴入容量瓶里，直至凹液面最低处与刻度线相切，这一过程叫做定容。

（2）定容的操作步骤

当溶液转移至容量瓶后，加入蒸馏水至容量瓶3/4体积时，

图2-17　试漏操作

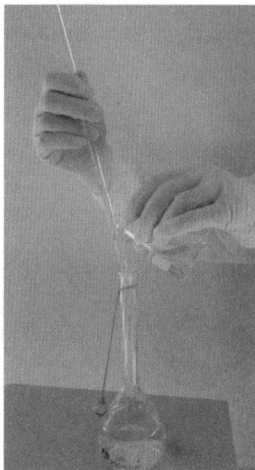

图2-18　转移操作

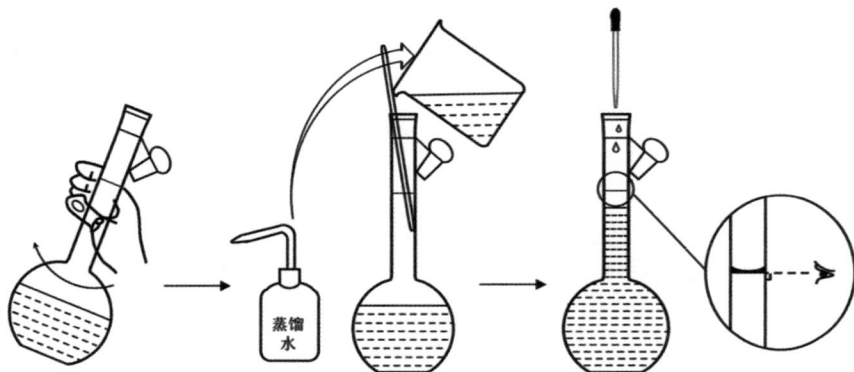

图2-19　定容操作

将一只手放在刻度线以上，另一只手托住瓶底平摇数次（可以使溶液初步混匀，避免混合之后溶液体积发生改变）。继续向容量瓶内加入蒸馏水，待液面距离刻度线2~3 cm时，改用滴管加蒸馏水至刻度线（溶液凹液面与刻度线相切）。定容的操作步骤见图2-19。

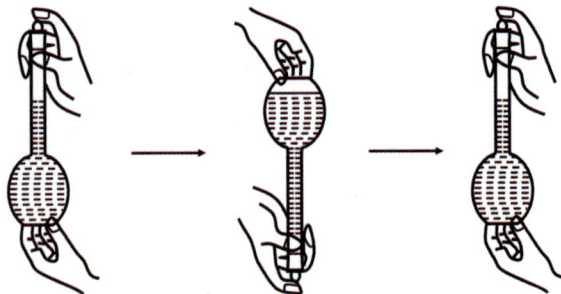

图2-20　摇匀操作

8．摇匀

由于转移至容量瓶中的液体混合得还不均匀，需将容量瓶瓶塞塞紧，用一只手的食指顶住瓶塞，另一只手托住瓶底，将容量瓶倒置摇晃，再倒过来，见图2-20。如此操作数次后，轻轻转动瓶塞，再次反复倒置摇晃10~20次。

四、配制溶液的注意事项

（1）容量瓶在使用前必须试漏，如有漏水情况，会影响配制溶液的准确度。

（2）溶液须在烧杯中溶解放热后，才能转移至容量瓶中，不可在容量瓶中直接溶解。

（3）容量瓶中不可加入冷却或加热的液体，溶液须在室温下进行转移。

（4）应用玻璃棒将溶液引流至容量瓶中，不可直接将溶液倒入容量瓶，防止溶液溅出。

（5）在液面距离刻度线2~3 cm时，应改用滴管将蒸馏水缓慢滴加至刻度线，防止加入量超过刻度，使溶液浓度降低。

（6）观察溶液是否达到刻度线时，应平视溶液凹液面，不应仰视或俯视，仰视会使溶液浓度偏低，俯视会使溶液浓度偏高，见图2-21。

（7）摇匀过程中，应将容量瓶倒置摇晃，排出底部气泡。

（8）容量瓶是量器，不是反应器皿或容器，因此不可在容量瓶中进行化学反应或用容量瓶储存溶液。

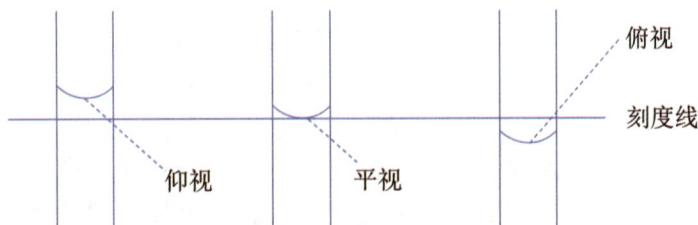

图2-21　观察液面操作

第四节　滴　定

一、滴定的定义

滴定是一种定量分析的手段，也是一项化学实验操作，它通过两种溶液的定量反应来确定某种溶质的含量。滴定过程根据指示剂的颜色变化（或指示值的变化）指示滴定终点，最后通过目测标准溶液消耗体积，计算分析结果。

二、滴定的用具

滴定操作的玻璃器具主要有滴定管和锥形瓶等，见图2-22。

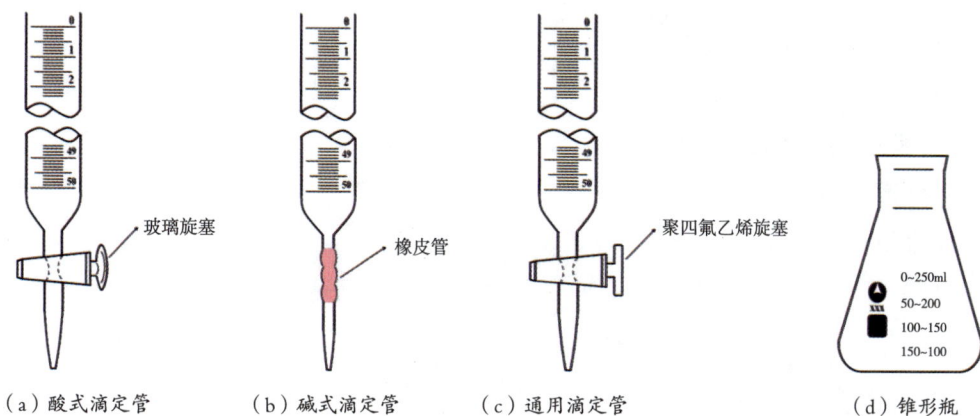

（a）酸式滴定管　　　　（b）碱式滴定管　　　　（c）通用滴定管　　　　（d）锥形瓶

图2-22　滴定操作的玻璃器具

1. 滴定管

滴定管是滴定操作中用于准确测量标准溶液体积的一种量器。滴定管的管壁上有刻度线和数值，最小刻度为0.1 mL，0刻度在最上端，自上而下数值由小到大，见图2-23。滴定管分为酸式滴定管、碱式滴定管和通用滴定管三种。

（1）酸式滴定管

酸式滴定管下端有玻璃旋塞，用以控制溶液的流出，见图2-22（a）。酸式滴定管只能用来盛装酸性溶液或氧化性溶液，不能盛装碱性溶液。这是因为碱与玻璃作用会使磨口与玻璃旋塞粘连，导致玻璃旋塞不能转动。

（2）碱式滴定管

碱式滴定管下端连有一段橡皮管，管内有玻璃珠，用以控制液体的流出，橡皮管下端连一段尖嘴玻璃管，见图2-22（b）。碱式滴定管用于盛放碱性溶液，不能用于盛装酸性溶液和强氧化性溶液。凡能与橡皮作用的溶液，如硝酸银、高锰酸钾、碘等溶液，也不能使用碱式滴定管。

（3）通用滴定管

通用滴定管下端有聚四氟乙烯旋塞，用以控制溶液的流出，见图2-22（c）。通用滴定管既能用来盛装酸性溶液和氧化性溶液，也能盛装碱性溶液。目前，实验室中比较常用的是通用滴定管。

图2-23 滴定管的刻度

2. 锥形瓶

锥形瓶是一种由硬质玻璃制成的玻璃器具，呈锥形结构，其在化学实验室中十分常见，见图2-22（d）。锥形瓶的容量一般为50~250 mL，也有小至10 mL或大至2 000 mL的特制锥形瓶。锥形瓶一般用于滴定实验中，也可用于普通实验中制取气体或作为反应容器。

三、滴定的操作步骤

滴定的操作步骤根据使用的滴定管不同而略有不同，下面分别进行详细介绍：

1. 酸式滴定管的滴定操作

使用酸式滴定管进行滴定操作的步骤分为安装玻璃旋塞、试漏、洗涤、润洗、装标准溶液、排气泡、滴定、读数、计算。

（1）安装玻璃旋塞

用手指蘸少许凡士林，在玻璃旋塞芯两头薄薄地各涂一层（导管处不涂凡士林），见图2-24（a）。然后，把玻璃旋塞插入塞槽内，旋转几次，使油膜在塞槽内呈现均匀透明的状态，并且保证玻璃旋塞转动灵活，见图2-24（b）。

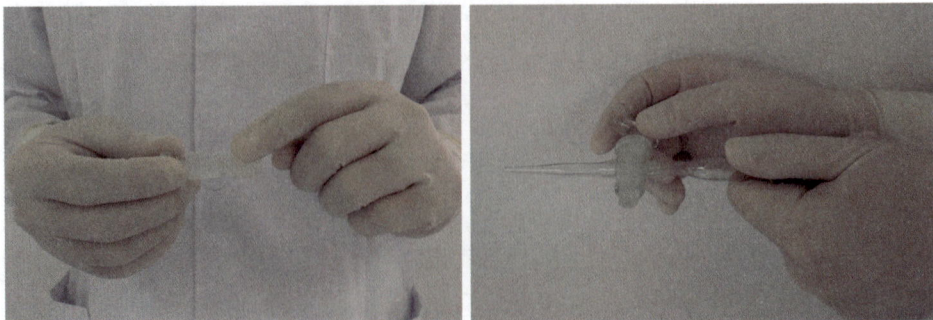

（a）在玻璃旋塞上涂凡士林   （b）旋转玻璃旋塞

图2-24 酸式滴定管安装玻璃旋塞操作

（2）试漏

酸式滴定管进行试漏操作时，要将玻璃旋塞关闭，在滴定管里注满水，然后把滴定管固定在滴定管架上，静置2 min，观察滴定管管口及玻璃旋塞两端是否有水渗出。若不渗水，将玻璃旋塞快速旋转180°，继续静置2 min。若仍不渗水，滴定管方可使用。

（3）洗涤

用洗涤液对酸式滴定管进行洗涤，然后用自来水冲洗干净，再用去离子水润洗3次。有油污的滴定管可用铬酸洗液洗涤。

（4）润洗

先用标准溶液（5~10 mL）润洗滴定管3次，洗去滴定管内壁的水膜，以确保标准溶液浓度不变。润洗的具体操作方法是：两手平端滴定管，同时慢慢转动滴定管，使标准溶液接触整个内壁，最后使溶液从滴定管下端流出。

（5）装标准溶液

将标准溶液摇匀，直接将溶液倒入滴定管内。

（6）排气泡

在滴定管内装入标准溶液后，要检查尖嘴内是否有气泡。如有气泡，会影响测量溶液体积的准确性。排出气泡的方法是：用右手拿住滴定管无刻度部分，使其倾斜约30°；用左手迅速打开玻璃旋塞，使溶液快速流出，溶液充满全部出口管并带走气泡。

（7）滴定

进行滴定操作时，应将滴定管夹在滴定管架上。左手控制玻璃旋塞，大拇指在管前，食指和中指在后，三指轻拿旋塞柄，手指略微弯曲，向内扣住玻璃旋塞，避免产生拉出玻璃旋塞的力，向里旋转玻璃旋塞使溶液滴出。滴定管应插入锥形瓶口1~2 cm，右手持锥形瓶，使瓶内溶液顺时针不断旋转。滴定操作见图2-25。

图2-25　酸式滴定管滴定操作

在滴定过程中要掌握好滴定速度：最初，滴加速度可稍快，连续滴加，但不可使溶液成股下流，边滴加边摇晃锥形瓶；待接近滴定终点时，逐滴滴加，滴一滴溶液，摇一下锥形瓶；即将到达滴定终点时，半滴滴加，滴半滴溶液，摇一下锥形瓶，以这种速度滴加至滴定终点。

其中，半滴滴加溶液的具体方法是：轻轻旋转玻璃旋塞，使尖嘴出口处悬挂半滴液体，用锥形瓶轻轻将其沾在内壁上，再用洗瓶冲洗锥形瓶瓶壁。

（8）读数

滴定结束后，静置滴定管1~2 min，待管壁无水珠挂壁时，平视液体凹液面进行读数。数据应估计到小数点后2位，如读数为8.00。

（9）计算

滴定结束后，根据标准溶液消耗体积，计算分析结果。

2．碱式滴定管的滴定操作

使用酸式滴定管进行滴定操作的步骤分为试漏、洗涤、润洗、装标准溶液、排气泡、滴定、读数、计算。

（1）试漏

碱式滴定管进行试漏操作时，先在滴定管里注满水，把它固定在滴定管架上，静置2 min。观察滴定管口是否有水渗出，若不渗水，方可使用。

（2）洗涤

用洗涤液对碱式滴定管进行洗涤，然后用自来水冲洗干净，再用去离子水润洗3次。

（3）润洗

碱式滴定管的润洗步骤同酸式滴定管的润洗步骤。

（4）装标准溶液

碱式滴定管装标准溶液的步骤同酸式滴定管装标准溶液的步骤。

（5）排气泡

若碱式滴定管内有气泡，将橡皮塞向上弯曲，两手指挤压其中的玻璃珠，使溶液从管尖喷出，以排除气泡，见图2-26。

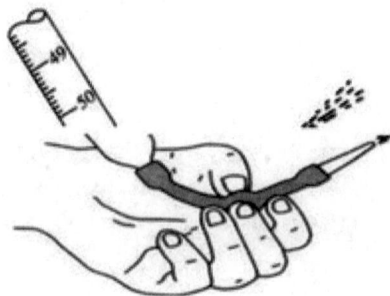

图2-26　碱式滴定管排气泡操作

（6）滴定

使用碱式滴定管进行滴定操作时，应将滴定管夹在滴定管架上。左手拇指在前，食指在后，捏住橡皮管中玻璃珠的上方，使其与玻璃珠之间形成一条缝隙，溶液即可流出。碱式滴定管应插入锥形瓶口1~2 cm，且用右手持锥形瓶，使瓶内溶液顺时针不断旋转，见图2-27。

在滴定过程中要掌握好滴定速度（同酸式滴定管滴定操作），即先连续滴加，再逐滴滴加，最后半滴滴加。

半滴滴加溶液的具体方法为：轻轻捏住玻璃珠上方，使尖嘴玻璃管出口处悬挂半滴液体，用锥形瓶将其轻轻沾在内壁上，再用洗瓶

图2-27　碱式滴定管滴定操作

冲洗锥形瓶瓶壁。

（7）读数

碱式滴定管的读数方法同酸式滴定管的读数方法。

（8）计算

完成滴定操作后，根据标准溶液消耗体积，计算分析结果。

3．通用滴定管的滴定操作

使用通用滴定管进行滴定操作的步骤分为试漏、洗涤、润洗、装标准溶液、排气泡、滴定、读数、计算。与酸式滴定管的滴定操作相比，通用滴定管无须涂抹凡士林和安装玻璃旋塞，其余步骤相同。

四、滴定的注意事项

（1）滴定前须试漏，防止在滴定过程中滴定管漏液，影响滴定结果。

（2）向滴定管中装完标准溶液后，应将液面刻度调至0.00 mL。然后将滴定管夹在滴定管架上静置1~2 min，若液面上升，重新将液面刻度调至0.00 mL。

（3）在滴定过程中，左手控制滴定管内液体流速，且左手不能离开滴定管；右手不断摇晃锥形瓶，顺时针或逆时针摇晃均可，不可变换方向，不可前后晃动，速度不可过慢，否则会影响反应速率；眼睛要注视着锥形瓶中溶液的颜色变化，不要看滴定管刻度线，见图2-28。

（4）读数时，应平视液体凹液面，不应仰视或俯视。仰视会使读数偏高，俯视会使读数偏低，见图2-29。

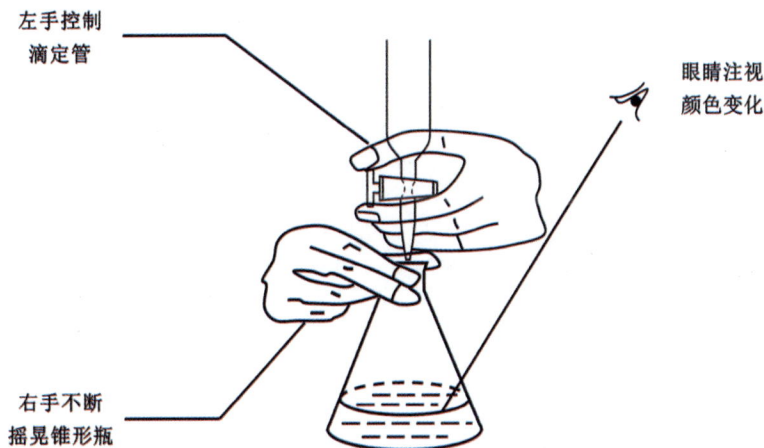

图2-28　滴定操作要点

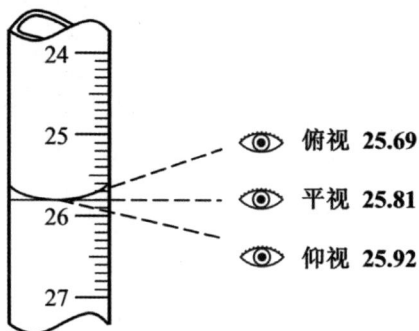

图2-29 读数操作要点

（5）滴定管使用完，应将液体倾倒至指定地点，不可回收至原液瓶中，以防止原液被污染。滴定管洗净后，应倒置于滴定管架上。

（6）需要避光保存的滴定溶液，应使用棕色滴定管进行滴定操作。

第五节　标准溶液的配制

一、标准溶液与基准物质

1．标准溶液的定义

标准溶液是指具有准确浓度的溶液，在滴定分析过程中常被用做滴定剂。标准溶液在化学分析中也可用于绘制标准曲线或作为定量计算的标准。

2．基准物质的定义和要求

基准物质常作为配制标准溶液或标定标准溶液浓度的物质，在整个标准溶液的配制过程中起着非常重要的作用。

（1）基准物质的定义

基准物质是指可直接用于配制标准溶液的物质，也可用于测定某一未知浓度溶液的准确浓度，亦叫做基准试剂。

（2）基准物质的要求

作为基准物质，应满足以下要求：

① 试剂的纯度足够高，要求在99.9%以上，还应确保试剂内含杂质对滴定的准确度无影响。

② 试剂的性质稳定。例如：不易吸潮，不易吸收空气中的二氧化碳，不易被氧化，在加热或烘干过程中不易分解，等等。

③ 试剂的摩尔质量（相对分子质量）应较大，可减少称量误差。常用的纯金属的基准物质有铜、锌、铁、铝等；常用的纯化合物基准物质有硼砂、碳酸钠、碳酸氢钠、草酸钠、重铬酸钾、碳酸氢钾、溴酸钾、氯化钾、邻苯二甲酸氢钾、二水合草酸、氧化镁等。

注意：有些高纯试剂和光谱纯试剂不能作为基准物质，原因是它们的纯度虽很高，但由于试剂中可能含有不确定杂质，使得物质的实际组成与它的化学式没有完全符合，因此其纯度没有达到99.9%。

二、标准溶液的配制

1．标准溶液的直接配制法

标准溶液的直接配制法是指用基准物质直接配制成一定浓度的标准溶液的方法（图

2-30），步骤分为溶解、转移、洗涤、定容、摇匀。具体操作步骤为：用分析天平准确称取一定量的纯物质，用水溶解后转移至容量瓶中，定容至标线，摇匀（具体方法见"第三节　配制溶液"中的"定容"）；根据称量质量和定容体积，计算溶液的准确浓度。配制维生素类、葡萄糖、三聚氰胺、苯甲酸、氯化钠、重铬酸钾等标准溶液时，可用直接配制法。

　　注意：在没有明确规定的情况下，配制标准溶液所用的水应为满足实验要求的蒸馏水或离子交换水。

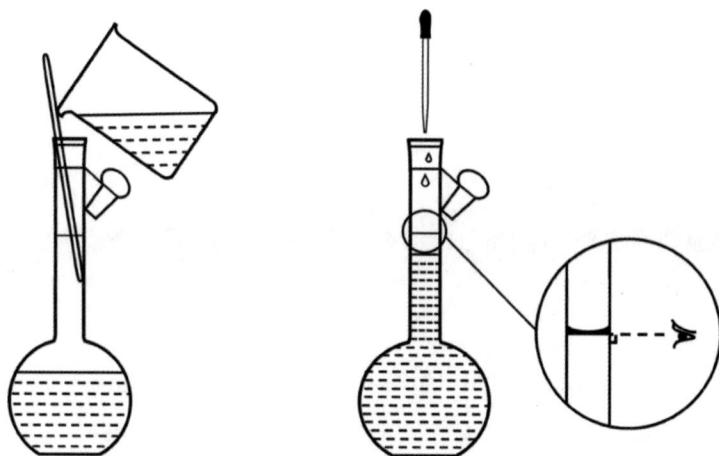

图2-30　直接配制法

2. 标准溶液的间接配制法（标定法）

　　由于很多物质不能满足上述配制标准溶液的必备条件，不适合直接配制标准溶液。如：高锰酸钾不易提纯、不稳定、易分解，氢氧化钠在空气中易吸潮，购买的盐酸无法确定其浓度。因此，只能用间接配制法（图2-31）配制此类标准溶液，即先将这些物质配制成接近于所需浓度的溶液，再用基准物质（或其他一种已知浓度的标准溶液）来测定其准确浓度。这种用已知浓度的溶液来确定未知浓度标准溶液的准确浓度的操作称为标定。

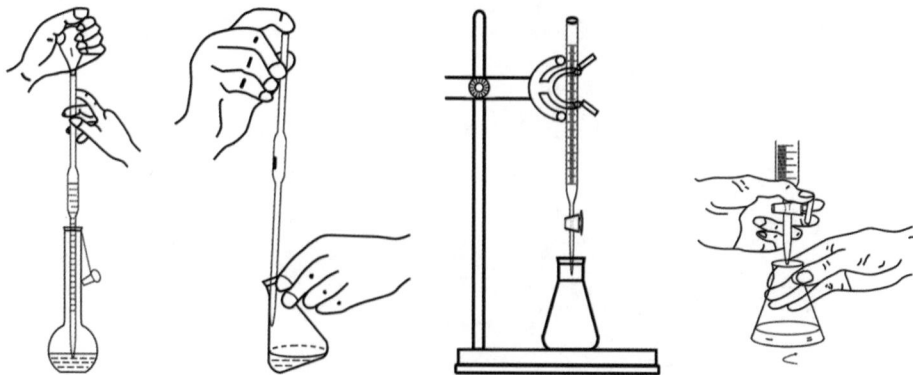

图2-31　间接配制法（标定法）

标定标准溶液浓度时，应注意以下几点：

（1）标定标准溶液浓度必须由2人进行实验，且分别各做4组平行，取2人8组平行测定结果的平均值作为测定结果。

（2）在运算过程中保留5位有效数字，浓度值报出结果取4位有效数字。

（3）为了减少误差，称取的基准物质的量不能太少，称取的质量最好在0.15 g以上；滴定至终点时，所消耗的标准溶液的体积不宜太小，最好为30~40 mL。

（4）容量瓶、移液管、滴定管在使用前必须校正体积，并在室温下进行滴定。

（5）标定好的标准溶液应避光、避潮、低温保存，防止水分蒸发使浓度发生变化。

（6）见光易分解的标准溶液，如硝酸银和高锰酸钾，应储存在棕色瓶中，在暗处保存。

（7）易吸收空气中的二氧化碳并对玻璃瓶有腐蚀作用的溶液，应保存在塑料瓶中，并在瓶口装一个碱石灰管，以吸收空气中的二氧化碳和水。

（8）不稳定的标准溶液，在放置一段时间后，使用前须重新标定。

第六节　校准曲线的绘制与检验

一、校准曲线的定义

校准曲线是指在规定条件下，表示被测量值与仪器仪表实际测得值之间关系的曲线。校准曲线包括标准曲线和工作曲线。绘制校准曲线时，如果标准溶液的分析步骤与待测样品的分析步骤相比有部分省略，得到的校准曲线称为标准曲线；如果采用标准溶液模拟被分析物质的成分，且标准溶液与待测样品经过完全相同的处理步骤，然后绘制而成的校准曲线称为工作曲线。

二、校准曲线的绘制

1．校准曲线绘制的步骤

一般情况下，校准曲线的绘制分为以下几步：

（1）配制标准溶液系列

在方法测量范围内配制若干已知浓度的标准溶液系列，系列点数一般要大于等于6个（可包含零浓度点在内），且系列浓度应较均匀地分布在测量范围内。

（2）测定标准溶液

按照与待测样品相同的步骤测定各浓度标准溶液的响应值，并做好记录。

（3）绘制校准曲线

测得的各标准溶液系列的仪器的响应值应先扣除零浓度点的响应值，然后以响应值为纵坐标，以标准溶液的浓度为横坐标，绘制一条通过各标准溶液系列点的曲线。

（4）校准曲线的拟合

采用最小二乘法对校准曲线进行拟合，求出使各点数据误差最小的直线回归方程式$y=a+bx$。校准曲线示例见图2-32。

2．校准曲线绘制的注意事项

（1）对标准溶液系列，溶液以纯溶剂为参比进行测量后，应先做空白校正（系统误差校正），然后根据最小二乘法原理进行回归分析，绘制标准曲线。

（2）标准溶液一般可直接测定，但当样品的预处理过程比较复杂，造成的污染或损失不可忽略时，标准溶液应和试样做相同处理后再进行测定。这一点在废水测定或有机污染物测定中非常重要，此时应绘制工作曲线。

（3）校准曲线的斜率常随环境温度、试剂批号和贮存时间等实验条件的改变而变动。因此，在测定试样的同时，绘制校准曲线最为理想。否则，应在测定试样的同时，平行测定零浓度和中等浓度标准溶液各2份，取平均值相减后与原校准曲线上的相应点核对。其相对差值根据方法精密度不得大于10%，否则应重新绘制标准曲线。

（4）如水样预处理过程比较复杂，导致的污染或损失不可忽略时，标准溶液应和样品做同样处理后再进行测定，这在废水测定或有机污染物测定中十分重要，此时应绘制工作曲线。在绘制工作曲线时，所使用的标准溶液须经过与样品完全相同的处理过程，如消解、蒸馏、萃取、净化等。

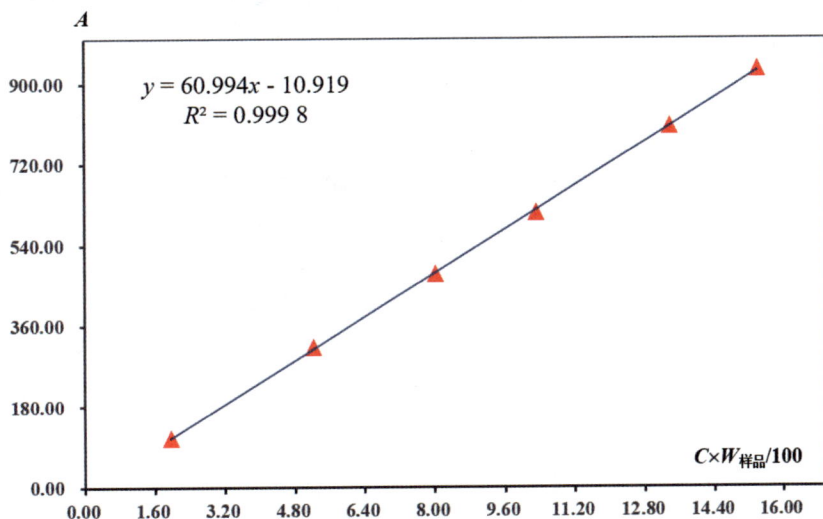

图2-32　校准曲线示例

三、校准曲线的检验

1．线性检验

线性检验即检验校准曲线的精密度。对于以4~6个浓度单位所获得的测量信号值绘制的校准曲线，分光光度法一般要求其相关系数大于等于0.999 0；否则，应找出原因并加以纠正，重新绘制合格的校准曲线。

2．截距检验

截距检验即检验校准曲线的准确度。在线性检验合格的基础上，对校准曲线进行线性回归，得出回归方程$y=a+bx$。然后，对截距a作t检验，当置信水平为95%，经检验无显著性差异时，a可做0处理，校准曲线方程简化为$y=bx$。此时，在线性范围内，样品测量信号值经空白校正后，可由简化后的曲线方程直接计算出试样浓度。

若a与0有显著差异，表明校准曲线的回归方程计算结果准确度不高。此时，应找出原因予以校正，重新绘制校准曲线并经线性检验合格。然后计算回归方程，经截距检验合格后，校准曲线方能使用。

3．斜率检验

斜率检验即检验分析方法的灵敏度。方法灵敏度是随实验条件的变化而改变的。在完全相同的分析条件下，仅由于操作中的随机误差所导致的斜率变化不应超出一定的允许范围，此范围因分析方法的精密度不同而异。

本章参考文献

国家环境保护总局《水和废水监测分析方法》编委会.水和废水监测分析方法[M].4版.北京：中国环境科学出版社，2002.

人民教育出版社课程教材研究所化学课程教材研究开发中心.化学（必修一）[M].北京：人民教育出版社，2004.

齐文启，孙宗光，石金宝.环境监测实用技术[M].北京：中国环境科学出版社，2006.

第三章

项目操作

第一节 水质化学需氧量的测定

一、检测方法介绍

化学需氧量（chemical oxygen demand，COD_{Cr}）是指在一定的条件下，使用重铬酸钾氧化处理水样时，水样中的溶解性物质和悬浮物所消耗的重铬酸盐相对应的氧的质量浓度。它是表示水中还原性物质多少的一个指标。

目前，水质化学需氧量的检测方法主要有重铬酸钾法和快速消解分光光度法两类方法，另外美国哈希公司和国内的一些仪器公司也有各自的检测方法。在这些方法中，重铬酸钾法是最经典的检测方法，也是很多排放标准指定的检测方法。本节内容仅针对标准《水质 化学需氧量的测定 重铬酸盐法》（HJ 828—2017）进行解读，其他方法不包含在本节内容中。

二、适用范围

本节所述方法适用于地表水、生活污水和工业废水中化学需氧量的测定。本方法不适用于含氯化物浓度大于1 000 mg/L的水质化学需氧量的测定。如果水样中的氯化物含量大于1 000 mg/L，应将水样稀释至氯化物含量低于1 000 mg/L后，再进行化学需氧量的测试。

当取样体积为10.0 mL时，本方法的检出限为4 mg/L，测定下限为16 mg/L。未经稀释的水样测定上限为700 mg/L，超过此上限时，须经稀释后测定。化学需氧量的结果与检出限的保留位数保持一致，因此，化学需氧量的结果仅保留整数位。

三、试剂及材料

1. 实验用水
本实验用水应选用当日制备的超纯水。

2. 重铬酸钾
重铬酸钾的纯度会影响最终测定结果，应选用基准试剂。

3. 高浓度重铬酸钾标准溶液（$1/6K_2Cr_2O_7$的浓度为0.250 mol/L）
称取预先在120 ℃高温下烘干2 h的基准或优级纯重铬酸钾12.258 g，溶于水中，再移入1 000 mL容量瓶，稀释至标线，摇匀。

4．低浓度重铬酸钾标准溶液（1/6K$_2$Cr$_2$O$_7$的浓度为0.025 0 mol/L）

将浓度为0.250 mol/L的重铬酸钾标准溶液稀释10倍。

5．硫酸银-硫酸溶液

称取10 g硫酸银，加到1 L硫酸中，放置1~2 d使之溶解，并摇匀，使用前小心摇动。

6．硫酸汞溶液（浓度为100 g/L）

称取10 g硫酸汞，溶于100 mL硫酸溶液中，混匀。

7．高浓度硫酸亚铁铵标准溶液（浓度约为0.05 mol/L）

称取19.5 g硫酸亚铁铵溶解于水中，加入10 mL硫酸，待溶液冷却后，稀释至1 000 mL。

8．低浓度硫酸亚铁铵标准溶液（浓度约为0.005 mol/L）

将浓度为0.05 mol/L的硫酸亚铁铵标准溶液稀释10倍。

每日临用前，必须用重铬酸钾标准溶液准确标定硫酸亚铁铵溶液的浓度；标定时应做平行样。

9．硫酸亚铁铵标准溶液的标定和计算

以高浓度硫酸亚铁铵溶液为例，介绍硫酸亚铁铵标准溶液的标定和计算方法。

（1）硫酸亚铁铵溶液的标定

取5.00 mL浓度为0.250 mol/L的重铬酸钾标准溶液置于锥形瓶中，用超纯水稀释至50 mL，缓慢加入15 mL硫酸，混匀，冷却后加入3滴（约0.15 mL）试亚铁灵指示剂，用浓度为0.05 mol/L的硫酸亚铁铵滴定，溶液的颜色由黄色经蓝绿色变为红褐色即为终点，记录下硫酸亚铁铵的消耗量。

（2）硫酸亚铁铵溶液浓度的计算

硫酸亚铁铵标准滴定溶液浓度按下式计算：

$$C = \frac{1.25}{V} \tag{3-1}$$

式中：C——硫酸亚铁铵标准滴定溶液的浓度，单位为mol/L；

$\quad\quad V$——滴定时消耗硫酸亚铁铵溶液的体积，单位为mL。

10．试亚铁灵指示剂（即1,10-菲绕啉指示剂溶液）

将0.7 g七水合硫酸亚铁溶解于50 mL水中，加入1.5 g 1,10-菲绕啉，搅拌至溶解，稀释至10 mL。

四、主要实验器具及仪器

1．风冷消解器

风冷消解器（图3-1）是一款集加热、消解、冷凝、回流功能于一体，采用风冷代

替水冷，用于测定水样COD_{Cr}的加热回流装置。使用时，注意观察仪器状态，盛放样品的锥形瓶应放入玻璃珠，且保证瓶身受热均匀。

2．滴定管

本实验使用50 mL规格的滴定管（图3-2）。使用时，按照滴定管使用要求进行操作。

3．自动滴定器

自动滴定器（图3-3）是一种数字式自动滴定器具，可代替普通滴定管进行滴定操作，滴定过程易于控制、速率可调，滴定量可由屏幕直接读出。注意：在首次滴定时，应先释放出少量液体，排出气泡。滴定管和自动滴定器要定期进行计量检定。

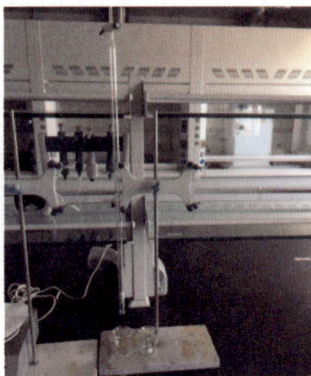

图3-1　风冷消解器　　　　图3-2　50 mL滴定管　　　　图3-3　自动滴定器

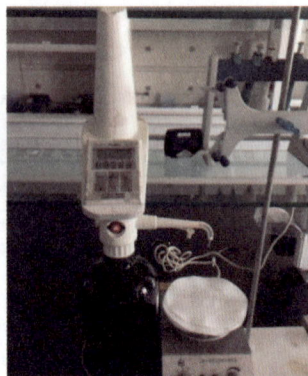

五、操作步骤

本节内容对水质COD_{Cr}的测定方法进行了简单概括，并对关键步骤作配图说明，以便于操作者理解和掌握。以下是详细的操作步骤：

（1）准确移取10 mL经充分摇匀的样品于300 mL锥形瓶中，见图3-4。

（2）先后向锥形瓶中加入2 mL硫酸汞、5 mL重铬酸钾溶液和玻璃珠，注意加药顺序，摇匀。加药之后溶液的颜色变化见图3-5。

（3）将锥形瓶连接到回流装置（即加装冷凝管的风冷消解器）冷凝管下端，从冷凝管上端加入15 mL硫酸银-硫酸溶液，保持微沸回流2 h。从冷凝管上端加酸可防止低沸点物质损失，避免造成COD_{Cr}测定结果偏低。加酸过程见图3-6。

（4）冷却后，从冷凝管上端加入45 mL超纯水冲洗冷凝管，使锥形瓶中溶液体积为70 mL左右，取下锥形瓶。在倾倒超纯水的过程中，应尽量覆盖冷凝管的管壁。

（5）待锥形瓶中的溶液冷却至室温后，加入3滴试亚铁灵指示剂，用硫酸亚铁铵标准滴定溶液滴定，当溶液的颜色由黄色经蓝绿色变为红褐色时，即为滴定终点。记录下硫酸亚铁铵标准滴定溶液的消耗体积V_1。滴定过程中溶液的颜色变化见图3-7，当颜色变化到图3-7（f）的时候需要放慢滴定速度，变成点滴。

图3-4 取样

图3-5 添加药剂后的溶液颜色

图3-6 从冷凝管上端加酸

（a）

（b）

（c）

（d）

（e）

（f）

（g）

图3-7 滴定过程中溶液的颜色变化

（6）测定水样的同时，以10 mL超纯水代替水样，按同样操作步骤做空白试验。测定水样时的注意事项如下：

① 当COD_{Cr}浓度≤50 mg/L时，使用浓度为0.025 0 mol/L的重铬酸钾标准溶液和浓度为0.005 mol/L的硫酸亚铁铵标准溶液；当COD_{Cr}浓度＞50 mg/L时，使用浓度为0.250 mol/L的重铬酸钾标准溶液和浓度为0.05 mol/L的硫酸亚铁铵标准溶液。

② 当样品浓度较低时，可以适当增加取样体积，但空白试验的取样体积也要相应

改变；当样品浓度过高时，可以稀释后再取样测定。

六、结果计算

样品中COD_{Cr}的质量浓度的计算公式为：

$$\rho = \frac{C \times (V_0 - V_1) \times 8\,000}{V_2} \times f \quad\quad (3\text{-}2)$$

式中：ρ——样品中COD_{Cr}的质量浓度，单位为mg/L；

C——硫酸亚铁铵标准溶液的浓度，单位为mol/L；

V_0——空白试验所消耗的硫酸亚铁铵标准溶液的体积，单位为mL；

V_1——水样测定所消耗的硫酸亚铁铵标准溶液的体积，单位为mL；

V_2——水样体积，单位为mL；

f——样品稀释倍数；

8 000——以mg/L为单位的$1/4O_2$的摩尔质量的换算值。

七、质量控制要求

1. 空白试验

空白试验是指在不加试样的情况下，按与试样相同的操作所得的结果。其作用是排除实验的环境（空气、湿度等）、实验所用的药品（指示剂等）、实验操作（误差、滴定终点判断等）对实验结果的影响。空白试验可以反映实验试剂、实验用水的质量，空白样品的滴定量一般较为稳定，变化不大。如果空白值变化较大，应检查实验试剂和实验用水的质量。

每批次测定至少做2个空白试验，取两者平均值进行计算。

2. 准确度控制

每批次应测定1个质控样品，结果在标准值范围内。

3. 精密度控制

每批次样品应做10%的平行样，平行样相对偏差不超过±10%。

平行样相对偏差的计算方法：

$$d_r = \frac{A - B}{A + B} \times 100\% \quad\quad (3\text{-}3)$$

式中：d_r——平行样的相对偏差，单位为%；

A——平行样A的测定结果；

B——平行样B的测定结果。

八、干扰及消除方法

本检测方法的主要干扰物为氯化物，可加入硫酸汞溶液将其去除。硫酸汞加入量不足会导致测定结果偏高。所以，为了保证检测结果的准确性，一般在测定生活污水 COD_{Cr} 时，加入2 mL硫酸汞溶液（可以屏蔽1 000 mg/L氯化物的干扰）。

九、操作注意事项

（1）消解时，应使溶液缓慢沸腾，不宜爆沸；如出现爆沸，说明溶液中出现局部过热现象，会导致测定结果不准确。

（2）滴定时，不能剧烈摇动锥形瓶，不能让瓶内溶液溅出水花，否则会影响测定结果。

（3）本岗位使用硫酸较多，加酸时一定要严格按顺序添加，先加水样再加酸。

（4）样品浓度达到60 mg/L，滴定量相差0.1 mg/L时，结果相差3 mg/L。因此，当样品接近滴定终点时，必须放慢滴定速度，进行半滴操作，以减小实验误差。

（5）为减小误差，可以对风冷消解器进行定位管理，做到专管、专瓶、专用。

十、典型样品浓度和限值

水质 COD_{Cr} 测定典型样品浓度和限值见表3-1。

表3-1　典型样品 COD_{Cr} 的浓度和限值　　　　　单位：mg/L

样品类型	COD_{Cr} 浓度	COD_{Cr} 限值
污水处理厂进水	300～500	
再生水厂出水	10～30	30
城市管网水	10～2 000	
城市河道水	20～200	
雨水	20～25	

十一、原始记录填写范例

水质 COD_{Cr} 测定的原始记录填写范例见图3-8。

编号：QR/PF10-HYS02-2017

实验室温湿度读数

检测当天日期

水质化学需氧量检测原始记录

| 检测日期： 2019年12月30日 | 检测地点：317室 | 环境温湿度： 19 ℃ | 20 ％ RH |

方法依据：水质 化学需氧量的测定 重铬酸盐法 HJ 828—2017   样品类型：☑废水 □地表水 □其他 **检测水样类型**

主要设备：☑滴定管 __50__ mL □电子滴定器   计量编号： __HYA3015__   有效期至 __2020__ 年 __5__ 月 __14__ 日

填写仪器信息

重铬酸钾标准溶液（1/6 $K_2Cr_2O_7$）： **选择标准溶液**
□高浓度 C_1=0.250 mol/L：准确称取12.258 g干燥后的重铬酸钾基准试剂，溶于水中，定容至1000 mL
☑低浓度 C_2=0.0250 mol/L：由高浓度重铬酸钾标准溶液稀释10倍 **填写空白**

硫酸亚铁铵标定和空白滴定量		硫酸亚铁铵标定1	硫酸亚铁铵标定2	空白1	空白2	标定计算公式
滴定量/mL	$V_始$	0.00	0.00	0.00	0.00	
	$V_终$	24.62	24.78	23.47	23.65	□C=5.00×C_1/$V_标$
	$V_标$	24.62	24.78	23.47	23.65	☑C=5.00×C_2/$V_标$
结果/（mol/L）		0.00508	0.00504			
平均值		C = 0.00506 mol/L		V_0= 23.56 mL		**选择计算公式**

主要步骤：取10 mL水样（或根据水样浓度确定取样量）于锥形瓶中，依次加入硫酸汞溶液、重铬酸钾标准溶液5.00 mL和几颗防爆沸玻璃珠，摇匀。将锥形瓶连接到回流装置冷凝管下端，从冷凝管上端缓慢加入15 mL硫酸银-硫酸溶液，不断旋动锥形瓶使之混合均匀。自溶液开始沸腾起保持微沸回流2 h。回流冷却后，自冷凝管上端加入45 mL水冲洗冷凝管，使溶液体积为70 mL左右，取下锥形瓶，加入3滴试亚铁灵指示剂，用硫酸亚铁铵标准溶液滴定，溶液颜色由黄色经蓝绿色变为红褐色即为终点

计算公式： $\rho = \dfrac{C \times (V_0 - V_1) \times 8000}{V_2} \times f$

填写质控

样品编号	稀释倍数f	取样量 V_2/mL	滴定量/mL			结果ρ /（mg/L）	备注
			$V_始$	$V_终$	V_1		
2001108	10/5	10.0	0.00	17.16	17.16	51.8	
2001108	10/5	10.0	0.00	17.21	17.21	51.4	
平均值						51.6	
191230A11035	1	10.0	0.00	19.98	19.98	14	
191230A11035	1	10.0	0.00	19.66	19.66	16	
平均值						15	

填写样品编号   **填写稀释倍数、取样体积**   **填写滴定量**   **计算结果**   **以下空白**   **需盖"以下空白"章**

| 分析：XXX | 校核：123 | 序号：N-1 |

分析人员签字   **校核人员签字，与分析人员不能是同一人**   **总页数，第几页**

图3-8 水质COD$_{Cr}$测定的原始记录填写范例

（注：该范例为资质认定实验室所用原始记录填写要求，其他实验室可以根据情况进行修改。）

第二节 水质氨氮的测定

一、检测方法介绍

氨氮是指水中以游离氨（NH_3）和铵离子（NH_4）形式存在的氮。水体氨氮富集会对水体生物生长造成影响，因此氨氮指标是环境监测中的必检项目。许多检测标准均对氨氮的排放限值做出了明确规定，包括地下水环境质量标准、地表水环境质量标准、国家生活饮用水卫生标准、污水综合排放标准、纸浆造纸工业水污染物排放标准、生活垃圾填埋场污染控制标准等。

水质氨氮的检测方法主要有纳氏试剂分光光度法、水杨酸分光光度法和流动注射法等，其中纳氏试剂分光光度法由于操作简单，应用最为广泛。本节内容只针对标准《水质 氨氮的测定 纳氏试剂分光光度法》（HJ 535—2009）进行解读。

二、适用范围

本方法适用于地表水、地下水、生活污水和工业废水中氨氮的测定。

当水样体积为50 mL，使用20 mm比色皿时，本方法的检出限为0.025 mg/L，测定下限为0.10 mg/L，测定上限为2.0 mg/L（均以N计）。

三、试剂及材料

1. 实验用水

本实验用水应选用无氨蒸馏水。

2. 酒石酸钾钠溶液（浓度为500 g/L）

准确称取500 g酒石酸钾钠溶于无氨蒸馏水中，加热煮沸去除氨，充分冷却后定容至1 000 mL。注意：配制酒石酸钾钠溶液时，须加热煮沸，因此烧杯中的溶液体积不得超过烧杯容积的1/2，以防溶液溅出。

3. 氢氧化钠溶液（浓度为250 g/L）

准确称取250 g氢氧化钠溶于无氨蒸馏水中，冷却至室温后，定容至1 000 mL。注意：配制氢氧化钠溶液时，会放出大量的热，因此，应在通风橱中配制，并在冷却至室温后再进行定容。

4. 硫酸锌溶液（浓度为100 g/L）

准确称取100 g硫酸锌，溶于无氨蒸馏水中，定容至1 000 mL。

5.硫代硫酸钠溶液（浓度为3.5 g/L）

称取3.5 g硫代硫酸钠，溶于水中，稀释至1 000 mL。

6.硼酸溶液（浓度为20 g/L）

称取20 g硼酸，溶于水中，稀释至1 000 mL。

7.轻质氧化镁

本实验使用的轻质氧化镁应不含碳酸盐。在500 ℃下加热氧化镁，以除去碳酸盐。

8.氢氧化钠溶液（浓度为1 mol/L）

称取40 g氢氧化钠，溶于水中，稀释至1 000 mL。

9.纳氏试剂

可直接从化学试剂生产厂家购得，也可按照标准HJ 535—2009中的方法直接配制。

四、主要实验器具及仪器

1.可见分光光度计

可见分光光度计（图3-9）是一种基于分光光度法原理，利用物质分子对可见光谱区的辐射吸收来进行分析的分析仪器。可见分光光度计在使用前，应先打开开关预热约10 min。

2.比色皿

比色皿（图3-10）是一种用来盛装参比液、样品液的容器，常与光谱分析仪器配套使用。使用时，只能用手指接触两侧的毛玻璃，避免接触光学面。同时注意轻拿轻放，防止外力对比色皿的影响。比色皿外壁附着的水或溶液应用擦镜纸吸干。本实验使用的比色皿的光程为20 mm。

3.比色管

比色管（图3-11）是化学实验中用于目视比色分析实验的主要器具，可用于粗略测量溶液浓度。比色管不能加热，且管壁较薄，要轻拿轻放。同一比色实验中，要使用同样规格的比色管。清洗时，不能用硬毛刷刷洗，以免划伤管壁，影响透光度。本实验使用的比色管规格为50 mL。

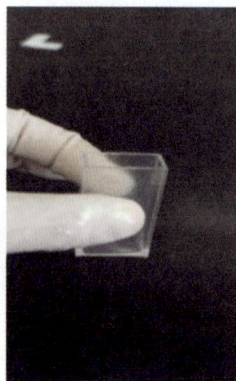

图3-9　可见分光光度计　　　　图3-10　比色皿　　　图3-11　比色管

五、操作步骤

本小节内容对水质氨氮的测定方法进行了概括，并对其中关键步骤作配图说明，以便于操作者理解和掌握。以下是详细的操作步骤：

1．校准曲线的制作

（1）氨氮标准工作溶液（浓度为10 mg/L）的配制

吸取10 mL浓度为500 mg/L的氨氮标准溶液至500 mL容量瓶中，用无氨蒸馏水稀释至标线。

（2）校准曲线的测定

在8个50 mL比色管中，分别加入0.00 mL、0.50 mL、1.00 mL、3.00 mL、5.00 mL、7.00 mL、9.00 mL和10.0 mL氨氮标准工作溶液，其所对应的氨氮含量分别为0.0 μg/mL、5.00 μg/mL、10.0 μg/mL、30.0 μg/mL、50.0 μg/mL、70.0 μg/mL、90.0 μg/mL和100 μg/mL，加水至标线。加入1.0 mL浓度为50%的酒石酸钾钠，摇匀；再加入1.5 mL纳氏试剂，摇匀。放置10 min后，在波长420 nm下，用20 mm比色皿，以水作为参比，测量吸光度并记录。

（3）校准曲线的绘制

以空白校正后的吸光度为纵坐标，以其对应的氨氮含量为横坐标，绘制校准曲线。

2．样品的测定

（1）移取100 mL经充分摇匀的样品于100 mL烧杯中。再生水厂进水样品见图3-12，再生水厂出水样品见图3-13。

（2）在样品中加入1 mL浓度为10%的硫酸锌溶液和0.1~0.2 mL浓度为25%的氢氧化钠溶液，将其pH调节至约为10.5，搅拌，放置使之沉淀。以再生水厂进/出水样品为例，进水絮凝之后的状态见图3-14，出水絮凝之后的状态见图3-15。测定样品时，取红色标线以上部分的上清液至比色管中。

图3-12 再生水厂进水样品

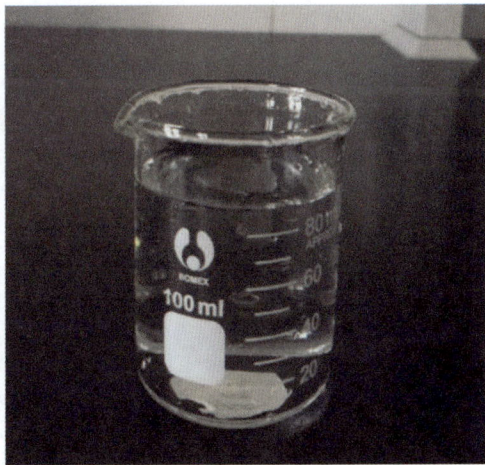

图3-13 再生水厂出水样品

（3）经絮凝后，一般取1 mL再生水厂进水水样，取50 mL再生水厂出水水样，按与标准曲线相同的步骤测量吸光度。测量吸光度过程中，比色管内溶液的显色变化见图3-16。

图3-14　进水絮凝后的状态　　图3-15　出水絮凝后的状态　　图3-16　比色管内溶液的显色变化

（4）一般工业废水采用预蒸馏的方式进行预处理。预蒸馏方法的操作步骤如下：将50 mL硼酸溶液移入接收瓶内，确保冷凝管出口在硼酸溶液液面之下。分取250 mL样品，移入烧瓶中，加入0.25 g轻质氧化镁和数粒玻璃珠，加热蒸馏，使馏出速率约为10 mL/min。待馏出液达到200 mL时，停止蒸馏，加水定容至250 mL。

注意：经预蒸馏的水样，须要加入一定量的氢氧化钠溶液，调节水样至中性，再按与标准曲线相同的步骤进行测定。

六、结果计算

水样中氨氮的质量浓度按以下公式计算：

$$\rho_N = \frac{A_s - A_b - a}{b \times V} \qquad (3-4)$$

式中：ρ_N——水样中氨氮的质量浓度（以N计），单位为mg/L；

　　　A_s——水样的吸光度；

　　　A_b——空白试验的吸光度；

　　　a——校准曲线的截距；

　　　b——校准曲线的斜率；

　　　V——水样的体积，单位为mL。

七、质量控制要求

1. 空白试验

试剂空白的吸光度应不超过0.030（10 mm比色皿）。试剂空白是指由于实验试剂本身带来的测试结果的误差，实验试剂本身的吸光度就是试剂空白。

2．准确度控制

每批次应测定1个质控样品，其结果在标准值范围内。

3．精密度控制

每批次样品应做10%平行样，小于10个样品应做1个平行样。平行样的相对偏差不超过 ±10%。

八、干扰及消除方法

当水样浑浊或有颜色时，加入硫酸锌和氢氧化钠以进行沉淀絮凝。对于样品中钙镁离子的干扰，可在显色时加入适量的酒石酸钾钠将其去除。若样品中存在余氯，可加入适量硫代硫酸钠溶液将其去除。

九、操作注意事项

（1）要注意检查实验用水、试剂空白，确保其纯度、质量符合要求，以降低空白值，进而提高实验准确度。

（2）温度影响纳氏试剂与氨氮反应的速度，并显著影响溶液颜色，因此实验温度应控制在20~25 ℃，从而保证分析结果的可靠性。

（3）向经絮凝或蒸馏处理的水样中加入酒石酸钾钠，若样品变得浑浊，可能是酒石酸钾钠中含有较多的Ca^{2+}和Mg^{2+}，表明酒石酸钾钠不合格，须更换。若经上述处理后，样品依然浑浊，则须将样品经过离心，取上清液进行检测，或者进行蒸馏预处理后再进行检测。

（4）预处理的水样在加入纳氏试剂10~30 min后颜色较稳定，因而显色时间应控制在10~30 min，尽快进行比色分析。

（5）滤纸中常含有一定量的可溶性铵盐，定量滤纸中可溶性铵盐的含量高于定性滤纸。建议采用定性滤纸过滤，过滤前用无氨水（一般为100 mL）少量多次淋洗滤纸。

十、典型样品浓度和限值

水质氨氮测定典型样品浓度和限值见表3-2。

表3-2　典型样品氨氮的浓度和限值　　　　　单位：mg/L

样品类型	氨氮浓度	氨氮限值
再生水厂进水	20 ~ 200	
再生水厂出水	<1.5	冬季2.5，其余1.5（北京）
城市管网水	0.05 ~ 140	
城市河道水	0.1~8.0	
雨水	1.5~5.0	

十一、原始记录填写范例

水质氨氮测定的原始记录填写范例见图3-17，氨氮标准曲线测定的原始记录填写范例见图3-18。

编号：QR/PF10-HYS05-01-2017

检测当天日期　**检测实验室编号**

填写检测项目　**水质分光光度法检测原始记录**

检测项目：氨氮（以N计）	检测日期：2017 年 12 月 31 日	检测地点：307室

实验室温湿度读数　　**检测水样类型**

| 环境温湿度：19 ℃ 20 %RH | 样品类型：☑废水 □地表水 □其他 | |

填写仪器信息

方法依据：水质 氨氮的测定 纳氏试剂分光光度法 HJ 535—2009	检出限：0.025 mg/L

曲线方程：斜率b =0.006981，截距a = -0.0010，r =0.9999　　有效期：2017年 12月 27日—2018年1月27日

计算公式：$\rho_N = \dfrac{A_s - A_b - a}{b \times V} \times f$　　试剂空白：A_b =0.024　（20 mm比色皿，要求小于0.060）

主要仪器设备	分光光度计型号： T6 　 计量编号： HYA3420 　 有效期至 2018 年 7 月 20 日
	比色皿： 20 mm 　 波长： 420 nm

主要实验过程	取适量经前处理的水样于50 mL比色管中，稀释至标线，加入1.0 mL酒石酸钾钠溶液，摇匀，再加入纳氏试剂1.5 mL，摇匀。放置10 min后在波长420 nm下，用20 mm比色皿，以水作参比，测量吸光度。

填写质控　　　**计算结果**

样品编码	稀释倍数f	取样体积 V/mL	吸光度 A_s -A_b	结果ρ_N / （mg/L）	备注
200595	1	25.0	0.283	1.63	1.62±0.07
200595	1	25.0	0.279	1.60	
平均值				1.62	
171231A11001	1	1.00	0.376	54.0	
171231A11001	1	1.00	0.379	54.4	
平均值				54.2	

填写样品编号　**填写稀释倍数、取样体积**　**填写吸光度**　**以下空白**　**需盖"以下空白"章**

分析：xxx	校核：111	序号：N-1

分析人员签字　　**校核人员签字，与分析人员不能是同一人**　　**总页数，第几页**

图3-17　水质氨氮测定的原始记录填写范例

（注：该范例为资质认定实验室所用原始记录填写要求，其他实验室可以根据情况进行修改。）

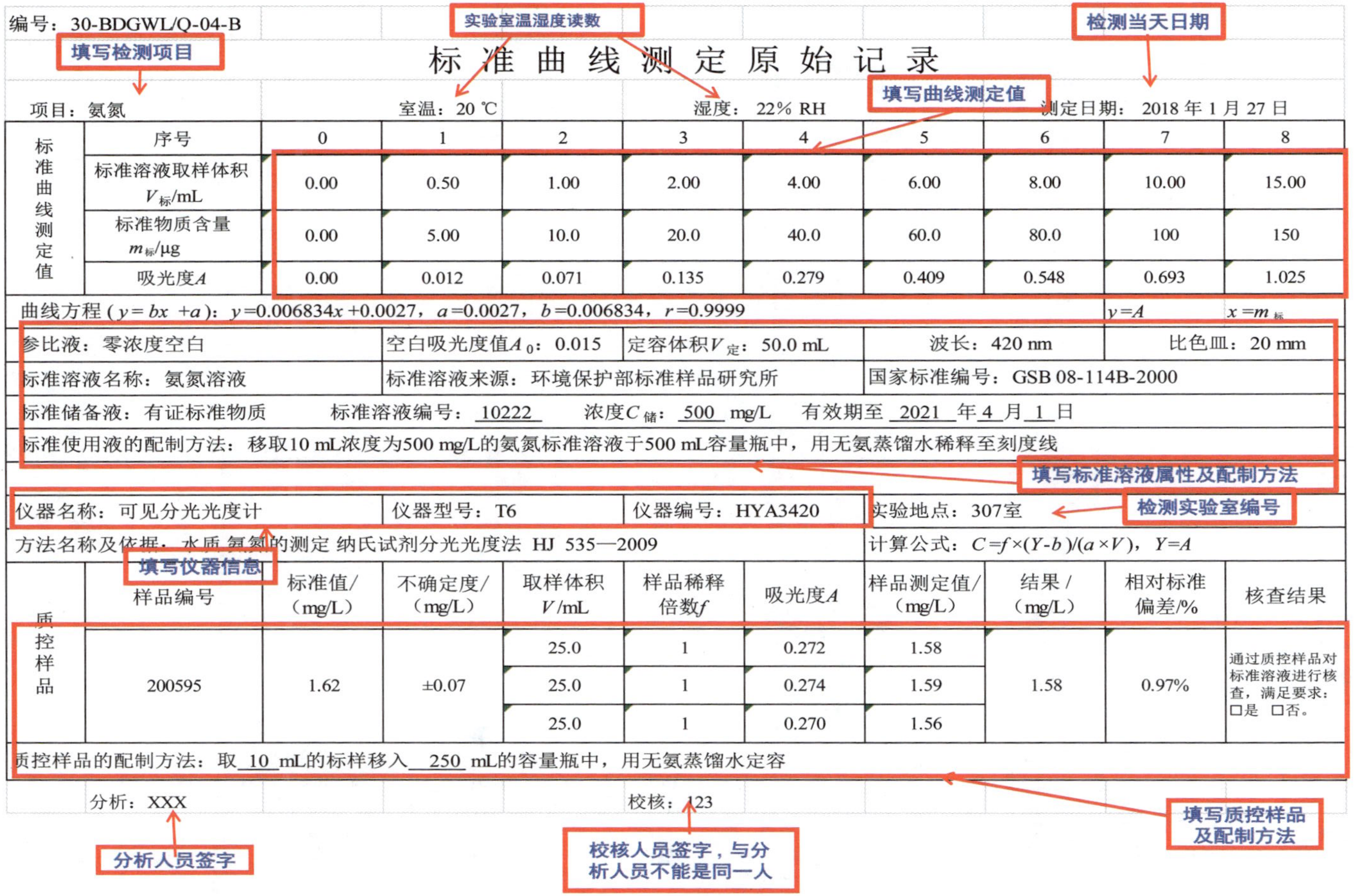

编号：30-BDGWL/Q-04-B

项目：氨氮

标 准 曲 线 测 定 原 始 记 录

实验室温湿度读数：　室温：20 ℃　　湿度：22% RH　　测定日期：2018 年 1 月 27 日

序号	0	1	2	3	4	5	6	7	8
标准溶液取样体积 $V_{标}$/mL	0.00	0.50	1.00	2.00	4.00	6.00	8.00	10.00	15.00
标准物质含量 $m_{标}$/μg	0.00	5.00	10.0	20.0	40.0	60.0	80.0	100	150
吸光度 A	0.00	0.012	0.071	0.135	0.279	0.409	0.548	0.693	1.025

曲线方程（$y=bx+a$）：$y=0.006834x+0.0027$，$a=0.0027$，$b=0.006834$，$r=0.9999$　　　　$y=A$　　　$x=m_{标}$

参比液：零浓度空白　空白吸光度值 A_0：0.015　定容体积 $V_{定}$：50.0 mL

标准溶液名称：氨氮溶液　标准溶液来源：环境保护部标准样品研究所

标准储备液：有证标准物质　标准溶液编号：10222　国家标准编号：GSB 08-114B-2000

标准使用液的配制方法：移取10 mL浓度为500 mg/L的氨氮标准溶液于500 mL容量瓶中，用无氨蒸馏水稀释至刻度线

浓度 $C_{储}$：500 mg/L　有效期至 2021 年 4 月 1 日　波长：420 nm　比色皿：20 mm

仪器名称：可见分光光度计　仪器型号：T6　仪器编号：HYA3420　实验地点：307室　计算公式：$C_标=f\times(Y-b)/(a\times V)$，$Y=A$

方法名称及依据：水质 氨氮的测定 纳氏试剂分光光度法 HJ 535—2009

	样品编号	标准值/(mg/L)	不确定值/(mg/L)	取样体积 V/mL	样品稀释倍数 f	吸光度 A	样品测定值/(mg/L)	结果/(mg/L)	相对标准偏差/%	核查结果
质控样品	200595	1.62	±0.07	25.0	1	0.272	1.58	1.58	0.97%	通过质控样品对标准溶液进行核查，满足要求：□是 □否
				25.0	1	0.274	1.59			
				25.0	1	0.270	1.56			

质控样品的配制方法：取 10 mL的标样移入 250 mL的容量瓶中，用无氨蒸馏水定容

分析：XXX　　校核：X23

图3-18　水质氨氮标准曲线测定原始记录填写范例

（注：该范例为资质认定实验室所用定量原始记录填写要求，其他实验室可以根据情况进行修改。）

第三节 水质总氮的测定

一、检测方法介绍

总氮是指水中可溶性物质及悬浮颗粒中的含氮量。总氮含量是衡量水质好坏的重要指标之一，水中氮含量过高会导致水体富营养化。因此，研究水质总氮的测定方法有助于评价水体污染和自净状况。

目前，水质总氮的检测方法主要有碱性过硫酸钾消解紫外分光光度法、流动注射–盐酸萘乙二胺分光光度法和气相分子吸收光谱法等。其中，碱性过硫酸钾消解紫外分光光度法应用最为广泛，本节只针对标准《水质 总氮的测定 碱性过硫酸钾消解紫外分光光度法》（HJ 636—2012）进行解读。本节内容所使用的分光光度计为瓦里安（已被安捷伦公司收购）Cary50型号。

二、适用范围

本方法适用于地表水、地下水、工业废水和生活污水中总氮的测定。

当样品量为10 mL时，本方法的检出限为0.05 mg/L，测定范围为0.20~7.00 mg/L。

三、试剂及材料

1. 实验用水

本实验用水应选用当日制备的超纯水（不含氨）。

2. 碱性过硫酸钾溶液

称取40.0 g过硫酸钾溶于600 mL水中（可置于50 ℃水浴中加热至全部溶解）；另称取15.0 g 氢氧化钠溶于300 mL水中。待氢氧化钠溶液温度冷却至室温后，混合两种溶液定容至1 000 mL。碱性过硫酸钾溶液每周配制1次，配制好的溶液应存放在聚乙烯瓶内。

3. （1+9）盐酸

（1+9）盐酸按体积比1：9配制，即取100 mL盐酸，加入900 mL超纯水中。溶液配制完成后应存放在试剂瓶内，每月配制1次。

四、主要实验器具及仪器

1. 高压蒸汽灭菌器

高压蒸汽灭菌器（图3-19）是指利用饱和压力蒸汽对物品进行迅速而可靠的消毒灭

菌的设备。高压蒸汽灭菌器有内桶和外桶，在灭菌前应检查外桶底部加热块部分有没有足够的水，因为加热水产生高压蒸汽才能维持较高的压力。水的高度至少要超过加热块或加热丝，防止加热过程中因缺水导致加热块或加热丝干烧，发生危险。开盖过程中应冷却足够长的时间，避免蒸汽烫伤。

2．超纯水机

超纯水机（图3-20）是指通过过滤、反渗透、电渗析器、离子交换器、紫外灭菌等方法，去除水中所有固体杂质、盐离子等的水净化设备。超纯水机中的精密滤芯寿命一般为3~6月，活性炭滤芯寿命为1年左右，反渗透膜寿命为2~3年，应定期进行维护与更换。

3．比色管

本实验所用比色管的规格为25 mL（图3-21）。

4．紫外分光光度计

紫外分光光度计（图3-22）是一种利用物质分子对紫外光谱区的辐射吸收来进行分析的分析仪器。在使用前应打开开关预热约10 min，还应定期进行计量检定。

图3-19　高压蒸汽灭菌器

图3-20　超纯水机

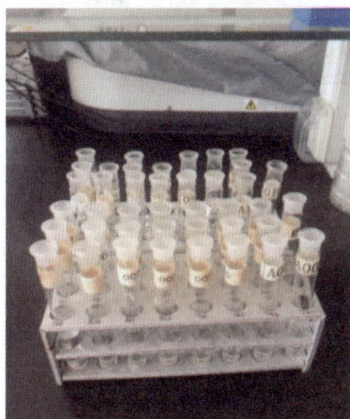

图3-21　25 mL比色管

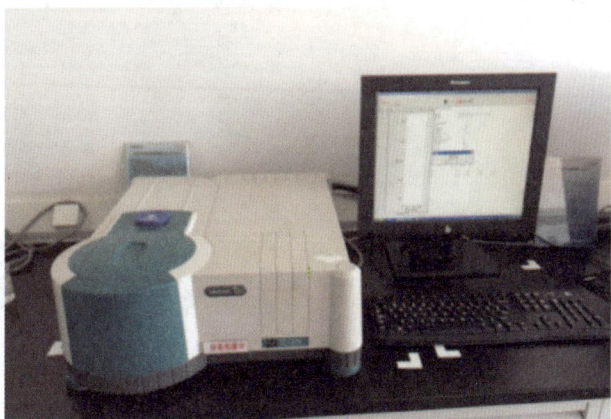

图3-22　紫外分光光度计

五、操作步骤

本小节内容对水质总氮的测定方法进行了概括，并对其中关键步骤作配图说明，以便于操作者理解和掌握。以下是详细的操作步骤（以再生水厂进/出水样品为例进行介绍）：

（1）取样：①再生水厂出水取样。准确移取5.00 mL经充分摇匀的样品，置于25 mL具塞磨口玻璃比色管中，向其中加入5 mL新制超纯水，充分摇匀。②再生水厂进水取样。先将样品稀释2倍，然后准确移取1.00 mL经稀释后的样品于比色管中，加超纯水定容至10 mL标线，充分摇匀。

其中，摇匀水样、移取水样和定容操作示意图分别见图3-23～图3-25。

（2）向比色管中加入5 mL过硫酸钾溶液。

（3）塞紧比色管管塞，并用纱布和线绳扎紧管塞，见图3-26和图3-27。

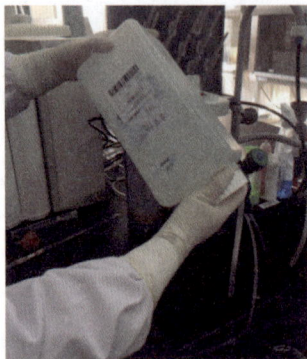

图3-23　摇匀水样

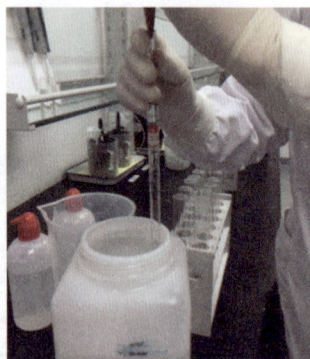

图3-24　移取水样

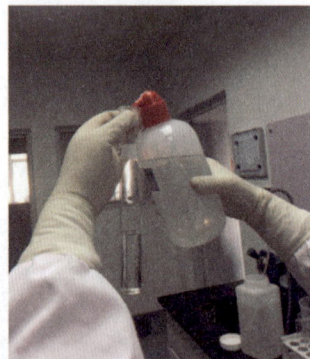

图3-25　定容

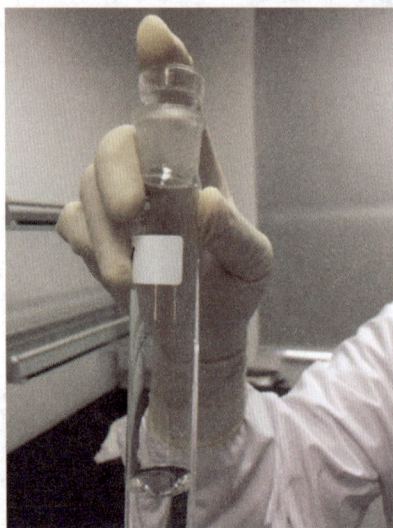

图3-26　塞紧比色管管塞

图3-27　用纱布和线绳扎紧管塞

（4）将比色管置于高压蒸汽灭菌器中（图3-28），待温度升至121 ℃后，开始计时，加热0.5 h。

（a）包裹好的比色管　　　　　　　　　　（b）放置比色管

图3-28　将比色管放置于高压蒸汽灭菌器中

（5）让高压蒸汽灭菌器自然冷却，打开高压蒸汽灭菌器，取出比色管，冷却至室温。

（6）向比色管中加入1 mL（1+9）盐酸溶液。用超纯水定容至25 mL，盖紧比色管管塞，混匀。

（7）将比色管中的溶液倒入10 mm比色皿（图3-29），在紫外分光光度计上，以超纯水做参比，分别于波长220 nm和275 nm处测定吸光度值。

（8）使用当月标准曲线计算得出曲线对应的样品浓度，具体步骤见图3-30～图3-37；再根据样品稀释度和取样量计算水样的真实浓度。

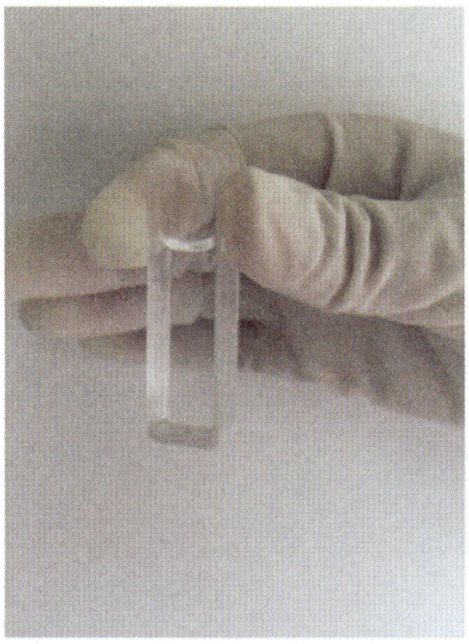

图3-29　将比色管中的溶液倒入比色皿 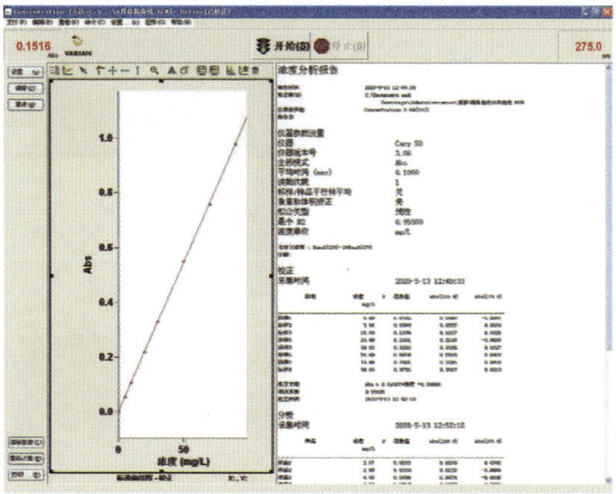　　　　图3-30　打开曲线文件，选择"重新计算"

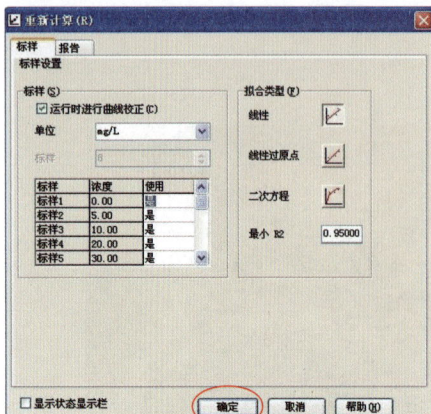

图3-31　点击"确定"

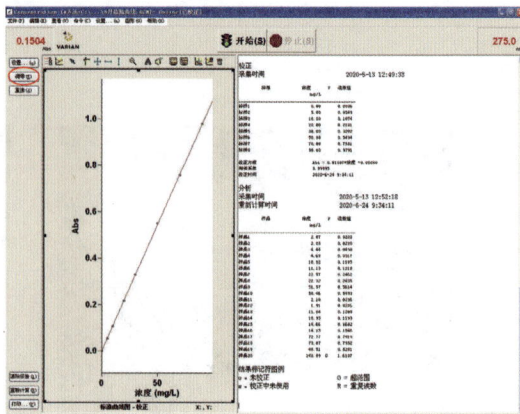

图3-32　选择"调零"

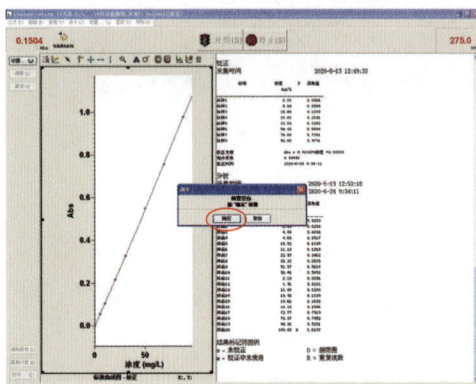

图3-33　在光度计中放入空白水样,点击"确定"

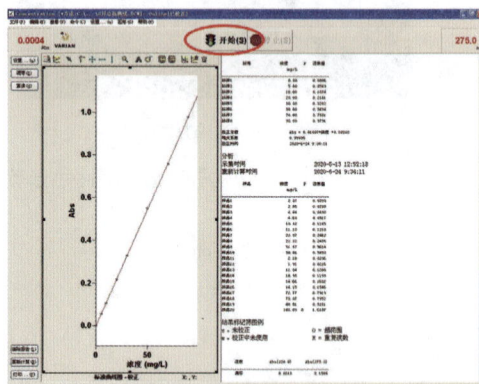

图3-34　选择"开始"

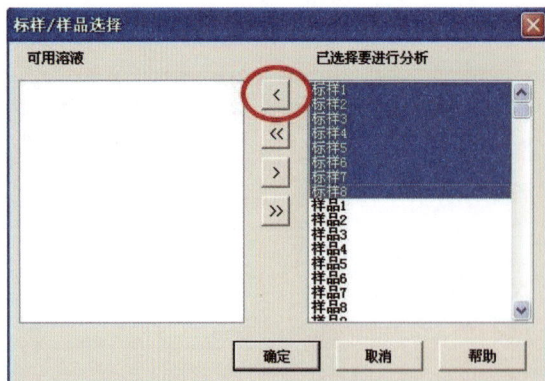

图3-35　将标样1~标样9选中后,选择"<"

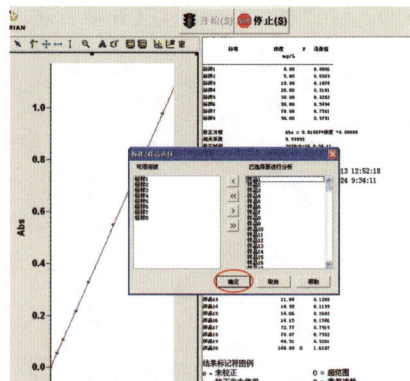

图3-36　点击"确定"

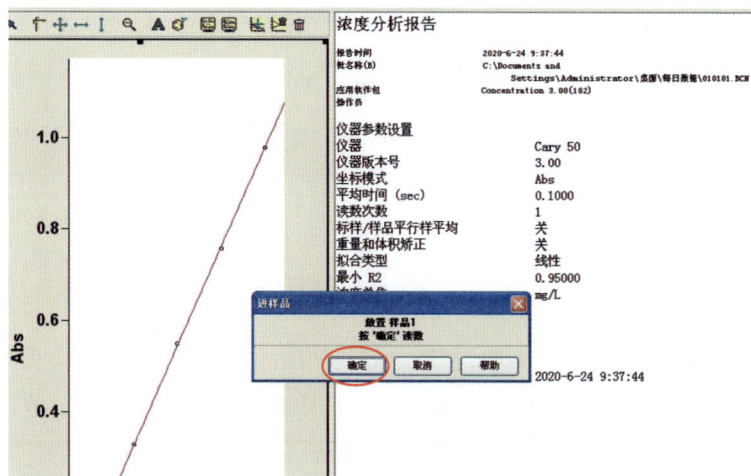

图3-37　依次放置相应水样至比色皿槽，点击"确定"测定其结果

六、结果计算

参照以下公式计算样品中总氮的质量浓度：

$$\rho = \frac{(A_r - a) \times f}{b \times V}$$

（3-5）

式中：ρ——样品中总氮（以N计）的质量浓度，单位为mg/L；

　　　A_r——试样中校正吸光度与空白试验校正吸光度的差值；

　　　a——校正曲线的截距；

　　　b——校正曲线的斜率；

　　　V——试样的体积，单位为mL；

　　　f——稀释倍数。

七、质量控制要求

1．空白试验

每批次样品至少应做1个空白试验，空白试验的校正吸光度A_b应小于0.030。超过该值时应检查实验用水、试剂纯度、器皿和高压蒸汽灭菌器的污染情况。

2．准确度控制

每批次应测定2个标准样品，取两者平均值，其结果在标准值范围内。

3．精密度控制

每批次样品应做10%的平行样，样品数量少于10时，应至少测定1个平行样。当样品总氮含量小于等于1.00 mg/L时，测定结果的相对偏差应小于等于10%；当样品总氮含量大于1.00 mg/L时，测定结果的相对偏差应小于等于5%。测定结果取平行样的平均值。

4．标准曲线的要求

标准曲线的相关系数r应大于等于0.999。

八、干扰及消除方法

水样中碳酸盐及碳酸氢盐对测定有影响，在加入一定量的盐酸后可将它们消除。

九、操作注意事项

（1）具塞磨口玻璃比色管的密合性应良好。使用高压蒸汽灭菌器时，要充分冷却后再揭开锅盖，以免比色管管塞蹦出。玻璃器皿可用10%盐酸浸洗，接着，先用蒸馏水冲洗后再用超纯水冲洗。高压蒸汽灭菌器应每周清洗。

（2）使用高压蒸汽灭菌器时，应定期检查其橡胶密封圈，避免其因漏气而减压。

（3）移取样品时，一定要摇匀水样，否则再现性不好。

（4）测定悬浮物较多的水样时，消解后可能出现沉淀，可吸取上清液进行测定。

（5）碱性过硫酸钾溶液应每周配制1次，超过1周会使测定结果偏低。在本标准规定的测定条件下，某些含氮有机物不能完全转化为硝酸盐。

十、典型样品浓度和限值

水质总氮测定典型样品浓度和限值见表3-3。

表3-3　典型样品总氮的浓度和限值　　　　　　　单位：mg/L

样品类型	总氮浓度	总氮限值
再生水厂进水	≤150	
再生水厂出水	0～15	15
城市管网水	0～31	
城市河道水	1～10	
雨水	2～7	

十一、原始记录填写范例

水质总氮测定的原始记录填写范例见图3-38，总氮标准曲线测定的原始记录填写范例见图3-39。

编号：QR/PF10-HYS05-03-2017

填写检验项目 **检测当天日期** **检测实验室编号**

水质分光光度法检测原始记录

检测项目：总氮（以N计） **实验室温湿度读数**　　检测日期：2018 年 1 月 18 日　　检测地点：306室

环境温湿度：22 ℃　20 %RH　　样品类型：☑废水　□地表水　□其他　　**检测水样类型**

方法依据：水质 总氮的测定 碱性过硫酸钾消解紫外分光光度法 HJ 636—2012　　检出限：0.05 mg/L

曲线方程：$b=0.01036$，$a=-0.0012$，$r=0.9999$　有效期：2018 年 1 月 1 日 — 2018 年 1 月 31 日　　**填写仪器信息**

计算公式：$C=\dfrac{A_r-a}{b\times V}\times f$　$A_r=A_{r220}-2A_{r270}$　试剂空白：$A_b=0.0245$（10 mm比色皿，$A_b<0.030$）

主要仪器设备	分光光度计型号：Cary50　计量编号：HYA3419　有效期至 2018 年 3 月 9 日
	高压锅型号：SX-500　计量编号：HYA0026　有效期至 2018 年 6 月 2 日
	比色皿：10 mm　波长：220 nm，275 nm

主要实验过程	取适量水样于25 mL具塞比色管中，加水稀释到10.00 mL，再加入5.00 mL碱性过硫酸钾，塞紧管塞，用纱布和线绳扎紧管塞，放入高压灭菌器，于120 ℃保持60 min。冷却至室温后，混匀后加入1.0 mL盐酸溶液，用水稀释至25 mL，盖塞混匀，使用10 mm石英比色皿，以水作参比，分别于220 nm和275 nm处测定吸光度。

填写质控

样品编码	稀释倍数f	取样体积V/mL	吸光度$A_{r\,220}$	吸光度$A_{r\,275}$	吸光度A_r	结果C/(mg/L)	备注
123455	1	10.0	0.1380	0.0028	0.1324	1.29	
123455	1	10.0	0.1376	0.1304	0.1304	1.27	
平均值	/	/	/	/	/	1.28	
180118A11001	10/5	1.00	0.3800	0.0071	0.3658	70.8	
180118A11001	10/5	1.00	0.3729	0.0034	0.3661	70.9	
平均值	/	/	/	/	/	70.8	
180118A11035	1	5.00	0.5161	0.0047	0.5067	9.81	

填写样品编号　　**填写稀释倍数、取样体积**　　**填写吸光度**　　**以下空白**　　**需盖"以下空白"章**　　**计算结果**

分析：XXX　　　　　　　校核：123　　　　　　　序号：N-1

分析人员签字　　**校核人员签字，与分析人员不能是同一人**　　**总页数，第几页**

图3-38　水质总氮测定原始记录填写范例

（注：该范例为资质认定实验室所用原始记录填写要求，其他实验室可根据情况进行修改。）

编号：30-BDGWL/Q-04-B

标 准 曲 线 测 定 原 始 记 录

项目：总氮

室温：20 ℃　　湿度：20 % RH　　测定日期：2018 年 2 月 1 日

序号	0	1	2	3	4	5	6	7	8
标准溶液取样体积 $V_标$/mL	0.00	0.50	1.00	2.00	4.00	5.00	7.00	9.00	
标准物质含量 $m_标$/μg	0.00	5.00	10.0	20.0	40.0	50.0	70.0	90.0	
吸光度 A	0.0001	0.0537	0.1024	0.2084	0.3156	0.5064	0.7169	0.9122	

曲线方程（$y=bx+a$）：$y=0.01015x+0.0064$，$a=0.0034$，$b=0.001015$，$r=0.9999$　　$x=m_标$

参比液：零浓度空白　空白吸光度A_0：0.0104　定容体积$V_定$：25.0 mL

标准溶液名称：总氮（TN）标准溶液　标准溶液来源：水利部水环境监测评价中心　波长：$A_{220}-2A_{275}$ nm　比色皿：10 mm

标准储备液：有证标准物质　标准溶液编号：170322　浓度$C_储$：500 mg/L　国家标准编号：GBWCE2081019

标准使用液的配制方法：移取10 mL标准溶液于500 mL容量瓶中，用蒸馏水稀释至刻度线　有效期至 2021 年 3 月。

仪器名称：紫外分光光度计　仪器型号：Cary50　仪器编号：HYA3419　实验地点：306室

方法名称及依据：水质 总氮的测定 碱性过硫酸钾消解紫外分光光度法 HJ 636—2012　计算公式：$C=f×(Y-b)/(a×V)$，$Y=A$

质控样品	样品编号	标准值/(mg/L)	不确定度/(mg/L)	取样体积 V/mL	样品稀释倍数 f	吸光度 A	样品测定值/(mg/L)	结果/(mg/L)	相对标准偏差/%	核查结果
	151219	1.27	±0.07	10.0	1	0.1324	1.29	1.30	0.77%	通过质控样品对标准溶液进行核查，满足要求：□是 □否。
				10.0	1	0.1353	1.30			
				10.0	1	0.1364	1.31			

质控样品的配制方法：取 10 mL标样移入 250 mL的容量瓶中，用无氨蒸馏水定容

分析：XXX　　　　校核：123

图3-39　水质总氮标准曲线测定原始记录表填写范例

（注：该范例仅为资质认定实验室所用原始记录填写要求，其他实验室可以根据实际情况进行修改。）

标注说明：填写检测项目；检测当天日期；实验室温湿度读数；填写标准曲线测定值；填写标准溶液属性及配制方法；检测实验室编号；填写质控样品及配制方法；填写仪器信息；校核人员签字，与分析人员不能是同一人；分析人员签字。

第四节 水质总磷的测定

一、检测方法介绍

总磷是指水样中各种形态的有机磷和无机磷的总和，包括水中溶解的、颗粒的、有机的和无机的磷。

目前，水质总磷的检测方法主要为钼酸铵分光光度法。另外，电感耦合等离子体发射光谱法也可以用于水中磷元素总量的测定。本节内容只针对标准《水质 总磷的测定 钼酸铵分光光度法》（GB 11893—1989）进行解读。

二、适用范围

本节所述方法适用于地面水、污水和工业废水中总磷的测定。

当样品量为25 mL 时，本方法的检出限为0.01 mg/L，测定上限为0.6 mg/L。

三、试剂及材料

1．实验用水
总磷测定对实验用水没有特殊要求，选用实验室超纯水机制备的超纯水即可。

2．过硫酸钾溶液（浓度为50 g/L）
将50 g过硫酸钾溶解于水，并稀释至1 000 mL。

3．抗坏血酸溶液（浓度为100 g/L）
将100 g抗坏血酸溶解于水，并稀释至1 000 mL。

4．（1+1）硫酸
取一定量的浓硫酸（密度为1.84 g/mL）与等体积的超纯水混合配制而成。

5．钼酸盐溶液
将26 g钼酸铵溶解于200 mL水中，溶解0.70 g酒石酸锑钾于200 mL水中。在不断搅拌下，将钼酸铵溶液缓慢加到600 mL（1+1）硫酸中，再加入酒石酸锑钾溶液，混合均匀。

四、主要实验器具及仪器

1．高压蒸汽灭菌器
2．可见分光光度计
3．比色管
本实验使用的比色管规格为50 mL。

五、操作步骤

本小节内容对水质总磷的测定方法进行了概括，并对其中关键步骤作配图说明，以便于操作者理解和掌握。以下是详细的操作步骤：

（1）准确量取25.0 mL经充分摇匀的出水样品于50 mL比色管中；若为进水样品，则取2.00 mL样品，再用蒸馏水定容至25 mL。

（2）向比色管中加入4.00 mL过硫酸钾，见图3-40。塞紧比色管管塞，并用纱布扎紧管塞，见图3-41。

（3）测定水样的同时，以25.0 mL蒸馏水，按同样操作步骤做空白试验。

（4）将装有样品的比色管放入高压蒸汽灭菌器，见图3-42，于消解温度121 ℃恒温放置30 min，待压力表降至0时，将其取出，冷却至室温。

（5）用蒸馏水稀释比色管中溶液至50 mL刻度线，然后向比色管中分别加入1.00 mL抗坏血酸和2.00 mL钼酸铵溶液，混匀。

（6）将比色管于室温下放置15 min进行显色，显色后的样品颜色见图3-43（a）。使用30 mm比色皿［图3-43（b）］，以超纯水做参比，于700 nm波长处测量吸光度。

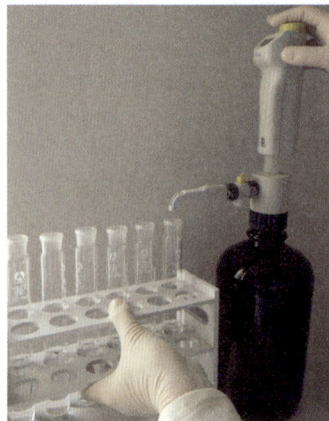

图3-40　向比色管中加入过硫酸钾

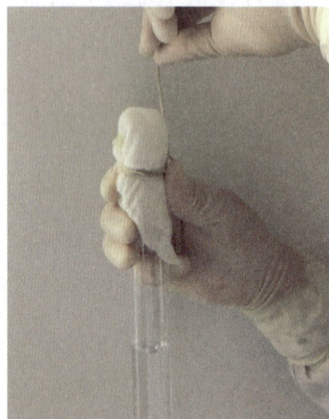

图3-41　用纱布扎紧比色管管塞

图3-42　将比色管放入高压蒸汽灭菌器

（a）显色后比色管中样品的颜色　　（b）使用比色皿比色

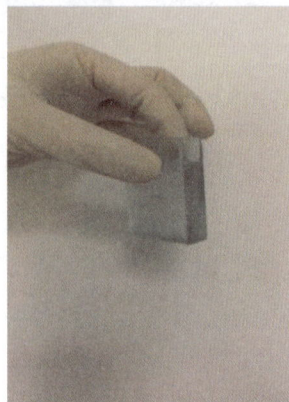

图3-43　显色后的样品状态

六、结果计算

样品中的总磷含量按下式计算：

$$C = \frac{m}{V} \qquad\qquad （3-6）$$

式中：C——样品中的总磷含量，单位为mg/L；

　　　m——试样测得的含磷量，单位为μg；

　　　V——测定用的试样体积，单位为mL。

七、质量控制要求

1. 空白试验

用实验用水代替试样，并加入与样品测定时相同体积的试剂，进行空白试验。空白试验可以反映药剂、实验用水的质量。

2. 准确度控制

每批次应测定1个质控样品，其结果在标准值范围内。

3. 精密度控制

每批次样品应做10%的平行样，且平行样的相对偏差不超过±10%。

八、干扰及消除方法

在酸性条件下，砷、硫、铬会干扰总磷的测定。砷大于2 mg/L时，会干扰总磷的测定，用硫代硫酸钠去除。硫化物大于2 mg/L时，会干扰总磷的测定，用氮气去除。铬大于50 mg/L时，会干扰总磷的测定，用亚硫酸钠去除。

九、操作注意事项

（1）本岗位使用硫酸较多，加酸时一定要严格按顺序添加，先加水样再加酸。

（2）配制过硫酸钾时，室温下不能完全溶解，不影响实验数据。

（3）含磷较少的水样，不要用塑料瓶采样，因为磷易吸附在塑料瓶上。

（4）为了减小误差，比色管使用时应专管专用。

（5）所有玻璃器皿均应用稀盐酸或稀硝酸浸泡。

（6）室温低于13 ℃时，可在20~30 ℃水浴中显色15 min。

（7）如水样消解后还略有颜色，须用本底做空白。

十、典型样品浓度和限值

水质总磷测定典型样品浓度和限值见表3-4。

表3-4　典型样品中总磷的浓度和限值　　　　　　单位：mg/L

样品类型	总磷浓度	总磷限值
再生水厂进水	4~8	
再生水厂出水	0~0.3	0.3
城市管网水	0~13	
城市河道水	0.1~2	
雨水	0.05~0.1	

十一、原始记录填写范例

水质总磷测定的原始记录填写范例见图3-44，总磷标准曲线测定的原始记录填写范例见图3-45。

编号：QR/PF10-HYS05-02-2017

检测当天日期

检测实验室编号

填写检测项目

水质分光光度法检测原始记录

| 检测项目：总磷（以P计） | 检测日期：2018 年 1 月 12 日 | 检测地点：314室 |

实验室温湿度读数

环境温湿度：20 ℃ 19%RH　　样品类型：☑废水 □地表水 □其他

检测水样类型

方法依据：水质 总磷的测定 钼酸铵分光光度法 GB 11893—1989　　检出限：0.01 mg/L

填写仪器信息

曲线：$b=0.02928$，$a=0.0009$，$r=0.9998$ 有效期：2018年1月1日—2018年1月31日。计算公式：$C=\dfrac{A-a}{b\times V}\times f$

主要仪器设备：

分光光度计型号：T6　计量编号：HYA3448　有效期至 2018 年 7 月 20 日

高压锅型号：SX-500　计量编号：HYA0031　有效期至 2018 年 6 月 11 日

比色皿：30 mm　波长：700 nm

主要实验过程：取适量水样于25 mL比色管中，加入4 mL过硫酸钾，盖塞摇匀，扎紧玻璃塞后在高压锅中于120 ℃保持30 min，冷却取出后用水稀释至标线，加入1 mL抗坏血酸溶液混匀，30 s后加2 mL钼酸盐溶液充分混匀。室温放置15 min后使用30 mm比色皿在700 nm波长下，以水做参比，测定吸光度

样品编码	稀释倍数 f	取样体积 V/mL	吸光度 A	结果C/（mg/L）	备注
空白	1	25.0	0.004		
123456	1	10.0	0.366	1.25	1.28±0.06
123456	1	10.0	0.37	1.26	
平均值				1.26	
180112A11001	1	2.00	0.342	5.82	
180112A11001	1	2.00	0.345	5.88	
平均值				5.85	
180118A11035	1	2.00	0.078	0.105	
180118A11036	1	2.00	0.060	0.081	

填写质控

计算结果

填写样品编号

填写稀释倍数、取样体积

填写吸光度

以下空白

需盖"以下空白"章

分析：XXX　　　　校核：123　　　　序号：N-1

分析人员签字

校核人员签字，与分析人员不能是同一人

总页数，第几页

图3-44　水质总磷测定原始记录填写范例

（注：该范例为资质认定实验室所用原始记录填写要求，各实验室可根据情况进行修改。）

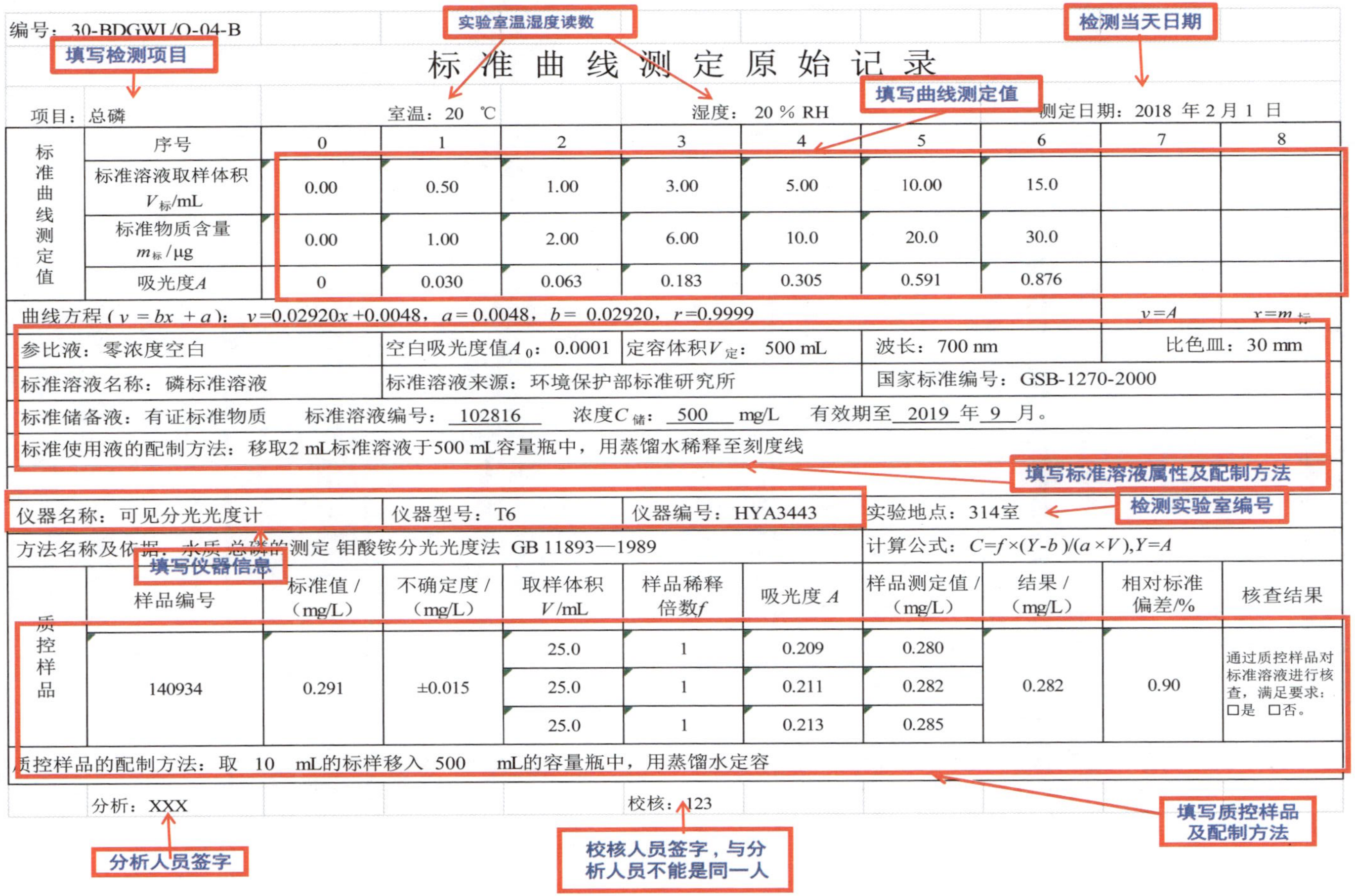

编号：30-BDGWJ/O-04-B

项目：总磷

标准曲线测定原始记录

室温：20 ℃　　湿度：20 % RH　　测定日期：2018 年 2 月 1 日

标准曲线测定值：

序号	0	1	2	3	4	5	6	7	8
标准溶液取样体积 $V_{标}$/mL	0.00	0.50	1.00	3.00	5.00	10.00	15.0		
标准物质含量 $m_{标}$/μg	0.00	1.00	2.00	6.00	10.0	20.0	30.0		
吸光度 A	0	0.030	0.063	0.183	0.305	0.591	0.876		

曲线方程（$y=bx+a$）：$y=0.02920x+0.0048$，$a=0.0048$，$b=0.02920$，$r=0.9999$

参比液：零浓度空白　空白吸光度 A_0：0.0001　定容体积 $V_{定}$：500 mL　波长：700 nm

标准溶液名称：磷标准溶液　标准溶液来源：环境保护部标准研究所　国家标准编号：GSB-1270-2000

标准储备液：有证标准物质　标准溶液编号：102816　浓度 $C_{储}$：500 mg/L　有效期至：2019 年 9 月

标准使用液的配制方法：移取 2 mL 标准溶液于 500 mL 容量瓶中，用蒸馏水稀释至刻度使线

仪器名称：可见分光光度计　仪器型号：T6　仪器编号：HYA3443

方法名称及标准号：水质 总磷的测定 钼酸铵分光光度法 GB 11893—1989　实验地点：314室

计算公式：$C=f×(Y-b)/(a×V)$，$Y=A$　　$v=A$　$r=m×v$　比色皿：30 nm

质控样品：

样品编号	标准值/(mg/L)	不确定度/(mg/L)	取样体积 V/mL	样品稀释倍数 f	吸光度 A	样品测定值/(mg/L)	结果/(mg/L)	相对标准偏差%	核查结果
140934	0.291	±0.015	25.0	1	0.209	0.280	0.282	0.90	通过质控样品对标准溶液进行核查，满足要求：□是 □否。
			25.0	1	0.211	0.282			
			25.0	1	0.213	0.285			

质控样品的配制方法：取 10 mL 的标准样品移入 500 mL 的容量瓶中，用蒸馏水定容

分析人员：xxx　　校核：123

图3-45　总磷标准曲线测定原始记录填写范例

（注：该范例为资质认定实验室所用原始记录填写要求，各实验室可根据情况进行修改。）

第五节 水质五日生化需氧量的测定

一、检测方法介绍

生物化学需氧量（biochemical oxygen demand，BOD）是指在规定条件下，水中有机物和无机物在生物氧化作用下所消耗的溶解氧（以质量浓度表示）。

目前，测定水质生化需氧量指标的方法主要是稀释与接种法。本节内容只针对标准《水质 五日生化需氧量（BOD_5）的测定 稀释与接种法 》（HJ 505—2009）进行解读。

二、适用范围

本节所述方法适用于地表水、工业废水和生活污水中BOD_5的测定。

本方法的检出限为0.5 mg/L，测定下限为2 mg/L，非稀释法和非稀释接种法的测定上限为6 mg/L，稀释与接种法的测定上限为6 000 mg/L。

三、试剂及材料

1. 实验用水

本实验用水为符合GB/T 6682—2008规定的3级蒸馏水，且水中铜离子的质量浓度不大于0.01 mg/L，不含有氯或氯胺等物质。

2. 磷酸盐缓冲溶液

将8.5 g磷酸二氢钾、21.8 g硫酸氢二钾、33.4 g七水合磷酸氢二钠和1.7 g氯化铵溶于水中，稀释至1 000 mL。此溶液的pH为7.2，在0～4 ℃可稳定保存6个月。

3. 硫酸镁溶液（浓度为11.0 g/L）

将22.5 g七水合硫酸镁溶于水中，稀释至1 000 mL。此溶液在0～4 ℃可稳定保存6个月，若发现溶液中有任何沉淀或微生物生长，应弃去。

4. 氯化钙溶液（浓度为27.6 g/L）

将27.6 g无水氯化钙溶于水中，稀释至1 000mL。此溶液在0～4 ℃可稳定保存6个月，若发现溶液中有任何沉淀或微生物生长，应弃去。

5. 氯化铁溶液（浓度为0.15 g/L）

将0.25 g六水合氯化铁溶于水中，稀释至1 000 mL。此溶液在0～4 ℃可稳定保存6个月，若发现溶液中有任何沉淀或微生物生长，应弃去。

6．盐酸溶液（浓度为0.5 mol/L）

将40 mL浓盐酸溶于水中，稀释至1 000 mL。

7．氢氧化钠溶液（浓度为0.5 mol/L）

将20 g氢氧化钠溶于水中，稀释至1 000 mL。

8．亚硫酸钠溶液（浓度为0.025 mol/L）

将1.575 g亚硫酸钠溶于水中，稀释至1 000 mL。此溶液不稳定，需现用现配。

9．丙烯基硫脲硝化抑制剂（浓度为1.0 g/L）

溶解0.2 g丙烯基硫脲于200 mL水中混合，于4 ℃保存，此溶液可稳定保存14 d。

10．（1+1）乙酸溶液

取一定量的乙酸与等体积的超纯水混合配制而成。

11．碘化钾溶液（浓度为100 g/L）

将10 g碘化钾溶于水中，稀释至100 mL。

12．淀粉溶液（浓度为5 g/L）

将0.50 g淀粉溶于水中，稀释至100 mL。

四、主要实验器具及仪器

1．恒温培养箱

恒温培养箱（图3-46）简称培养箱，是一类恒温腔体的统称，主要用于培养各种微生物或组织、细胞等生物体。使用时应保证通风孔10 cm内无物品，允许温度偏差为（44.5±0.5）℃。

2．溶解氧测定仪

溶解氧测定仪（图3-47）是一种测定水中溶解氧含量的设备，需要定期进行计量检定。

图3-46　恒温培养箱

图3-47　溶解氧测定仪

五、操作步骤

本小节内容对水质BOD$_5$的测定方法进行了概括，并对其中关键步骤作配图说明，以便于操作者理解和掌握。以下是详细的操作步骤：

1．样品的前处理

（1）pH的调节

若样品或稀释后样品的pH不为6～8，应用浓度为0.5 mol/L的盐酸溶液或浓度为0.5 mol/L的氢氧化钠调节pH至6～8。调节样品pH过程见图3-48。

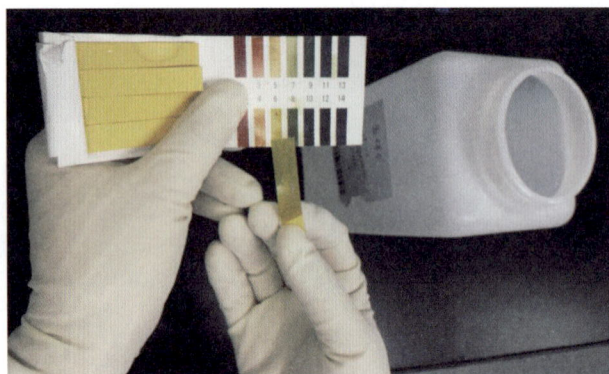

图3-48　调节样品pH

（2）余氯和结合氯的去除

若样品中含有少量余氯，一般在采样后放置1～2 h，游离氯即可消失。可用淀粉碘化钾试纸判断样品中是否存在余氯，见图3-49。对在短时间内不能消除的余氯和结合氯，可加入适量亚硫酸钠溶液将其去除。加入的亚硫酸钠溶液的量由以下方法确定：

取100 mL已中和好的水样，加入10 mL乙酸溶液、1 mL碘化钾溶液，混匀，于暗处静置5 min。用亚硫酸钠溶液滴定析出的碘，直至溶液呈淡黄色，此时加入1 mL淀粉溶液，水样呈蓝色；再继续滴定至蓝色刚刚褪去，即为终点。记录所用的亚硫酸钠溶液体积。由亚硫酸钠溶液消耗的体积，计算出水样中应加亚硫酸钠溶液的体积。

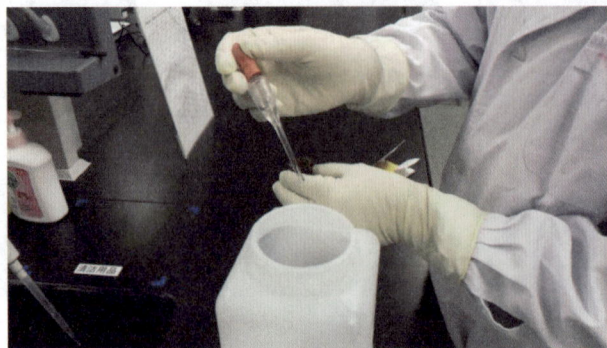

图3-49　用淀粉碘化钾试纸判断样品中是否存在余氯

（3）藻类的去除

若样品中存在大量藻类，BOD_5的测定结果会不准确。当分析结果精度要求较高时，测定前应用滤孔为1.6 μm的滤膜过滤，并在检测报告中注明滤膜滤孔的大小。去除藻类过程见图3-50。

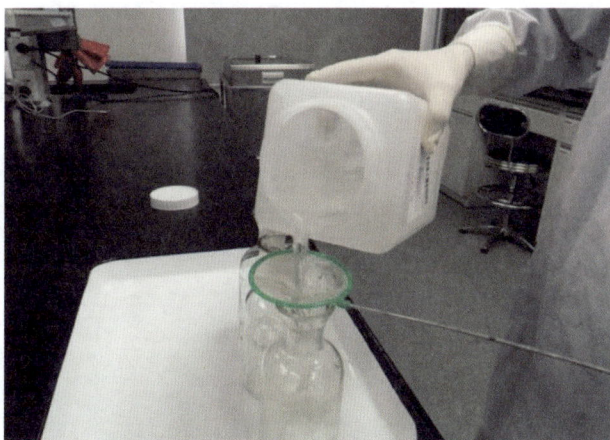

图3-50 去除样品中的藻类

2．非稀释法测定

若样品中的有机物含量较少，BOD_5的质量浓度不大于6 mg/L，且样品中有足够的微生物，用非稀释法测定。

测定前，待测试样的温度应达到（20±2）℃。若样品中溶解氧浓度低，需要用曝气装置曝气15 min，充分振摇赶走样品中残留的空气泡；若样品中氧过饱和，将容器2/3体积充满样品，用力振荡赶出过饱和氧。非稀释法可直接取样测定。若试样中含有硝化细菌，有可能发生硝化反应，需在每升试样中加入2 mL丙烯基硫脲硝化抑制剂（图3-51）。

再生水厂出水BOD_5的测定大多数都采用非稀释法。

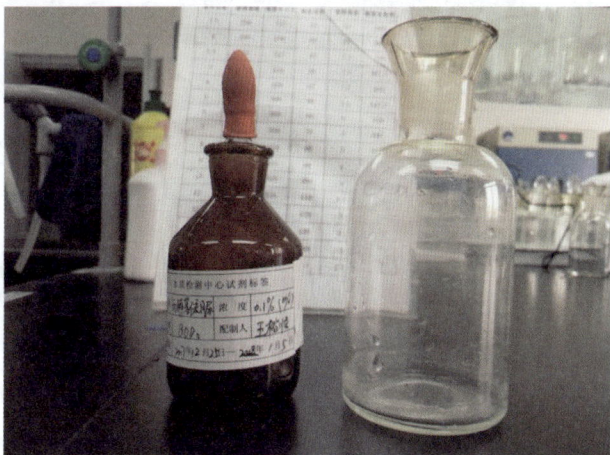

图3-51 丙烯基硫脲硝化抑制剂

3．稀释法测定

（1）方法选择

若试样中的有机物含量较多，BOD_5的质量浓度大于6 mg/L，且样品中有足够的微生物，采用稀释法测定。

测试前，待测试样的温度应达到（20±2）℃。若试样中溶解氧浓度低，需要用曝气装置曝气15 min，充分振摇赶走样品中残留的气泡；若样品中氧过饱和，将容器2/3体积充满样品，用力振荡赶出过饱和氧（图3-52），然后根据试样中微生物含量情况确定测定方法。

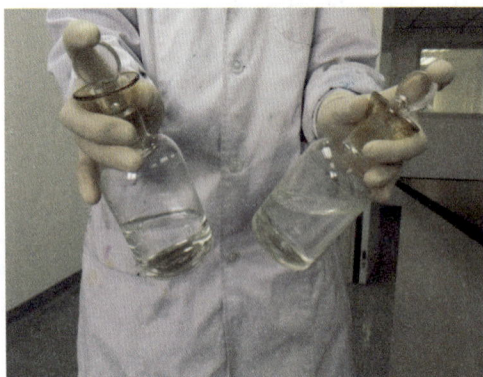
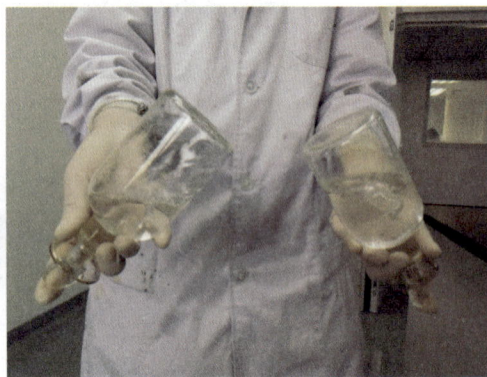

（a）　　　　　　　　　　　（b）

图3-52　充分振荡赶出过饱和氧

（2）稀释倍数的确定

样品稀释的程度应使消耗的溶解氧质量浓度不小于2 mg/L，培养后样品中剩余溶解氧质量浓度不小于2 mg/L，且试样中剩余的溶解氧的质量浓度为开始浓度的1/3～2/3为最佳。样品稀释过程见图3-53。

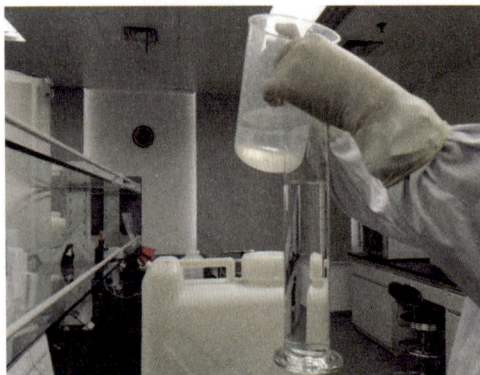

（a）　　　　　　　　　　　（b）

图3-53　样品稀释过程

确定样品稀释倍数时，可根据样品的COD_{Cr}测定值估算BOD_5的期望值。一般情况下，生活污水的BOD_5测定值大约为COD_{Cr}测定值的0.35～0.65倍，再生水厂出水的

BOD_5测定值大约为COD_{Cr}测定值的0.20～0.35倍。

由估算的BOD_5的期望值确定样品的稀释倍数，见表3-5。

表3-5　不同来源样品稀释倍数参考值

水样类型	BOD_5的期望值/（mg/L）	稀释倍数
河水或生物净化的城市污水	6～12	2
	10～30	5
生物净化的城市污水	20～60	10
澄清的城市污水或轻度污染的工业废水	40～120	20
轻度污染的工业废水或原城市污水	100～300	50
	200～600	100
重度污染的工业废水或原城市污水	400～1 200	200
重度污染的工业废水	1 000～3 000	500
	2 000～6 000	1 000

按照确定的稀释倍数，将一定体积的试样或处理后的试样用虹吸管加入到稀释水中，轻轻混合避免残留气泡，待测定。若稀释倍数超过100倍，可进行两步或多步稀释。

为了便于操作，可参考表3-6进行样品稀释。

表3-6　样品稀释倍数及体积　　　　　　　　单位：mL

稀释倍数	取样体积	稀释水体积	稀释倍数	取样体积	稀释水体积
1.5	250	125	35	10	340
2	200	200	40	10	390
2.5	150	225	45	7.5	330
3	125	250	50	7.5	367.5
4	100	300	55	7.5	405
5	75	300	60	7.5	442.5
6	60	300	65	5	320
7	50	300	70	5	345
8	50	350	80	5	395
9	40	320	90	4	356
10	35	315	100	4	396
12	30	330	110	3.5	381.5
15	25	350	120	3	357
20	17.5	332.5	130	3	387
25	15	360	140	2.5	347.5
30	12.5	362.5	150	2.5	372.5

（3）用电化学探头法测定试样中的溶解氧

让试样充满一个溶解氧瓶，且使试样少量溢出，防止试样中的溶解氧质量浓度改变，使瓶中存在的气泡靠瓶壁排除。测定培养前试样中的溶解氧的质量浓度，见图3-54。

盖上瓶盖，防止样品中残留气泡，加上水封，在瓶盖外罩上一个密封罩，防止培养期间水封水蒸发干。将试样瓶放入恒温培养箱中培养5 d±4 h，见图3-55。测定培养后试样中溶解氧的质量浓度。

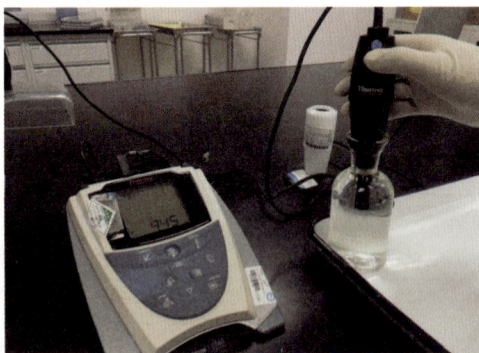

图3-54　测定样品中的溶解氧

图3-55　置于恒温培养箱中的样品

六、结果计算

BOD_5含量按下式计算（稀释与接种法）：

$$\rho = \frac{(\rho_1-\rho_2)-(\rho_3-\rho_4)\times f_1}{f_2} \tag{3-7}$$

式中：ρ——BOD_5质量浓度，单位为mg/L；

　　　ρ_1——水样在培养前的溶解氧质量浓度，单位为mg/L；

　　　ρ_2——水样在培养后的溶解氧质量浓度，单位为mg/L；

　　　ρ_3——空白样在培养前的溶解氧质量浓度，单位为mg/L；

　　　ρ_4——空白样在培养后的溶解氧质量浓度，单位为mg/L；

　　　f_1——接种稀释水或稀释水在培养液中所占的比例；

　　　f_2——原样品在培养液中所占的比例。

注意：当$f_1=0$、$f_2=1$时，式（3-7）即为非稀释法BOD_5含量的计算公式；当$f_1=1$、$f_2=1$时，式（3-7）即为非稀释接种法BOD_5含量的计算公式。

七、质量控制要求

1. 空白试验

每批次样品做2个分析空白试验，稀释法空白试样的测定结果不能超过0.5 mg/L，否则应检查可能的污染来源。

2．准确度控制

每批次样品要求做1个标准样品。

3．精密度控制

每批次样品至少做1组平行样，计算相对偏差。

八、干扰及消除方法

含有少量游离氯的水样，一般放置1～2 h，游离氯即可消失。对于游离氯在短时间不能消散的水样，可加入亚硫酸钠溶液将其除去。

从水温较低的水域或富营养化的湖泊中采集的水样，可能含有过饱和溶解氧。此时，应将水样迅速升温至20 ℃左右，在不装满瓶的情况下，充分振摇，并时时开塞放气，以赶出过饱和的溶解氧。

九、操作注意事项

（1）确保水样在采集和保存过程中不出现气泡。

（2）玻璃器皿应彻底洗净。先用洗涤剂浸泡清洗，然后用稀盐酸浸泡，最后依次用自来水、蒸馏水洗净。

（3）对2个或3个不同稀释倍数的样品，凡消耗溶解氧大于2 mg/L和剩余溶解氧大于2 mg/L，计算其结果时，应取平均值。若剩余的溶解氧小于2 mg/L，甚至为0时，应加大稀释倍数。溶解氧消耗量小于2 mg/L，有两种可能：一是稀释倍数过大；另一种可能是微生物菌种不适应、活性差，或含毒物浓度过大。这时，可能出现稀释倍数较大的消耗溶解氧反而较多的现象。

（4）水样稀释倍数超过100倍时，应预先在容器瓶中用水初步稀释后，再取适量稀释后水样进行最后稀释培养。

（5）测定BOD_5时，环境温度应控制在（20±2）℃，湿度应小于80%。

（6）测定时水样温度应为约20 ℃，如过高或过低，应将水样放在培养箱中于22 ℃调温。

（7）在培养过程中应注意添加封口水。

（8）加4种营养盐的稀释水需临用前配制，距离使用时间不能超过24 h。稀释水如有剩余，应弃用。

（9）稀释法空白不能超过0.5 mg/L。

十、典型样品浓度和限值

水质BOD_5测定典型样品浓度和限值见表3-7。

表3-7　典型样品中BOD_5的浓度和限值　　　　　单位：mg/L

样品类型	BOD_5浓度	BOD_5限值
再生水厂进水	200～1 200	
再生水厂出水	<2	6

十一、原始记录填写范例

水质BOD$_5$测定的原始记录填写范例见图3-56。

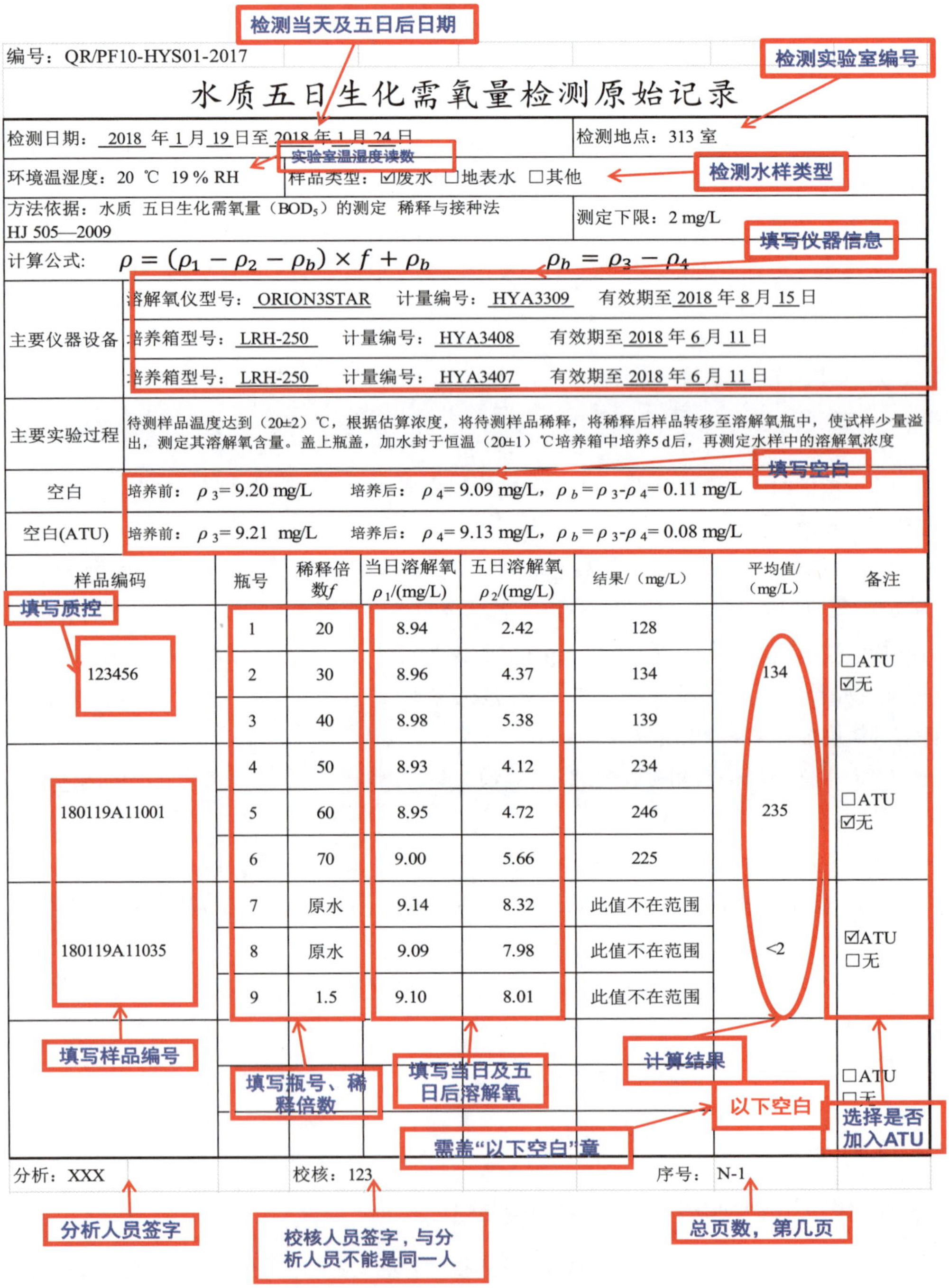

检测当天及五日后日期

检测实验室编号

编号：QR/PF10-HYS01-2017

水质五日生化需氧量检测原始记录

检测日期：__2018__ 年 __1__ 月 __19__ 日至 __2018 年 1 月 24 日__   检测地点：313 室

实验室温湿度读数

环境温湿度：20 ℃ 19 % RH   样品类型：☑废水 □地表水 □其他

检测水样类型

方法依据：水质 五日生化需氧量（BOD$_5$）的测定 稀释与接种法
HJ 505—2009   测定下限：2 mg/L

填写仪器信息

计算公式：$\rho = (\rho_1 - \rho_2 - \rho_b) \times f + \rho_b \qquad \rho_b = \rho_3 - \rho_4$

主要仪器设备	溶解氧仪型号：ORION3STAR 计量编号：HYA3309 有效期至 __2018__ 年 __8__ 月 __15__ 日
	培养箱型号：LRH-250 计量编号：HYA3408 有效期至 __2018__ 年 __6__ 月 __11__ 日
	培养箱型号：LRH-250 计量编号：HYA3407 有效期至 __2018__ 年 __6__ 月 __11__ 日

主要实验过程：待测样品温度达到（20±2）℃，根据估算浓度，将待测样品稀释，将稀释后样品转移至溶解氧瓶中，使试样少量溢出，测定其溶解氧含量。盖上瓶盖，加水封于恒温（20±1）℃培养箱中培养5 d后，再测定水样中的溶解氧浓度

填写空白

空白：培养前：ρ_3= 9.20 mg/L   培养后：ρ_4= 9.09 mg/L, $\rho_b = \rho_3 - \rho_4$= 0.11 mg/L

空白(ATU)：培养前：ρ_3= 9.21 mg/L   培养后：ρ_4= 9.13 mg/L, $\rho_b = \rho_3 - \rho_4$= 0.08 mg/L

样品编码	瓶号	稀释倍数 f	当日溶解氧 ρ_1(mg/L)	五日溶解氧 ρ_2(mg/L)	结果/（mg/L）	平均值/（mg/L）	备注
123456	1	20	8.94	2.42	128		□ATU ☑无
	2	30	8.96	4.37	134	134	
	3	40	8.98	5.38	139		
180119A11001	4	50	8.93	4.12	234		□ATU ☑无
	5	60	8.95	4.72	246	235	
	6	70	9.00	5.66	225		
180119A11035	7	原水	9.14	8.32	此值不在范围		☑ATU □无
	8	原水	9.09	7.98	此值不在范围	<2	
	9	1.5	9.10	8.01	此值不在范围		
							□ATU □无

填写质控

填写样品编号

填写瓶号、稀释倍数

填写当日及五日后溶解氧

计算结果

以下空白

需盖"以下空白"章

选择是否加入ATU

分析：XXX   校核：123   序号：N-1

分析人员签字

校核人员签字，与分析人员不能是同一人

总页数，第几页

图3-56 水质BOD$_5$测定原始记录填写范例

（注：该范例是资质认定实验室所用原始记录填写要求，各实验室可以根据需要进行修改。）

第六节 水质悬浮物的测定

一、检测方法介绍

水质悬浮物是指水样通过孔径为0.45 μm的滤膜，截留在滤膜上并于103~105 ℃烘干至恒重的物质。

目前，测定水质悬浮物的方法只有重量法一种，与其相关的主要标准有《水质 悬浮物的测定 重量法》（GB 11901—1989）、《城镇污水水质标准检验方法》（CJ/T 51—2018）中的第7部分重量法等。本节内容只针对标准《水质 悬浮物的测定 重量法》（GB 11901—1989）进行解读。

二、适用范围

本节所述方法适用于地面水、地下水中悬浮物的测定，也适用于生活污水和工业废水中悬浮物的测定。

三、主要实验器具及仪器

1. 抽滤装置

抽滤装置（图3-57）是一种由真空泵、吸滤瓶和三岐抽滤器组成，用于截留水中微粒杂质的装置。使用前，应检查抽滤装置的气密性；使用后，应先关吸滤瓶开关，再关真空泵。

图3-57 抽滤装置

2. 鼓风干燥箱

鼓风干燥箱（图3-58）是一种采用电加热方式进行鼓风循环干燥试验的箱式设备，适用于烘干物品或进行其他加热处理。干燥箱外壳须接地，放置于通风良好的室内。

3. 分析天平

本实验使用的分析天平应精确到0.1 mg。使用前，应调整水平仪气泡至中间位置，按

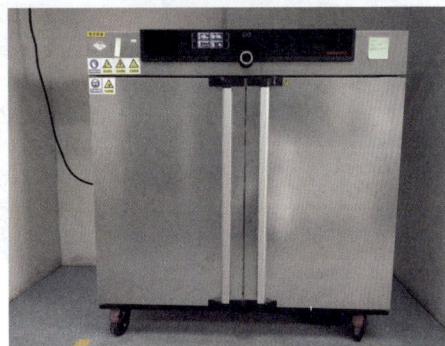

图3-58 鼓风干燥箱

说明书要求进行预热。平时，天平内应放置干燥剂。

四、操作步骤

本小节内容对水质悬浮物的测定方法进行了概括，并对其中关键步骤作配图说明，以便于操作者理解和掌握。以下是详细的操作步骤：

1. 准备滤膜

（1）用镊子夹取孔径为 0.45 μm 的微孔滤膜，将滤膜平铺于玻璃培养皿里，见图3-59，再移入鼓风干燥箱中于 103~105 ℃烘干。对于有碎屑脱落的玻璃纤维滤膜，应用纯水对滤膜进行冲洗后，方可移入玻璃培养皿中，避免碎屑脱落造成检测误差。

（2）半小时后，从鼓风干燥箱中取出装有滤膜的玻璃培养皿，置于干燥器内冷却至室温，称其重量。反复烘干、冷却、称量，直至2次称量的重量差小于等于0.2 mg，记录最终的重量，见图3-60。

（3）将恒重后的滤膜平铺在三岐抽滤器上固定好，用纯水润湿滤膜，见图3-61。

2. 测定结果

（1）量取混合均匀的样品进行过滤，使样品全部通过滤膜。量取样品时，要注意避免取到漂浮或浸没的不均匀固体物质，例如石子、树叶等。取样量根据样品中的悬浮物的含量确定，一般以滤膜上留存5~100 mg悬浮物为宜。再生水厂进水一般取50 mL样品进行过滤，再生水厂出水一般取500 mL。过滤样品操作见图3-62。

（2）取出载有悬浮物的滤膜放在原恒重的玻璃培养皿里，移入鼓风干燥箱中于103~105 ℃温度下烘干1 h，然后取出并置于干燥器中，使其冷却至室温，称其重量。烘干样品过程见图3-63。

（3）反复烘干、冷却、称量，直至2次称量的重量差小于等于0.4 mg为止。

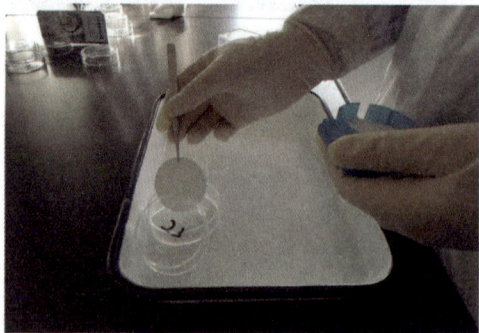

图3-59　将滤膜平铺于玻璃培养皿中

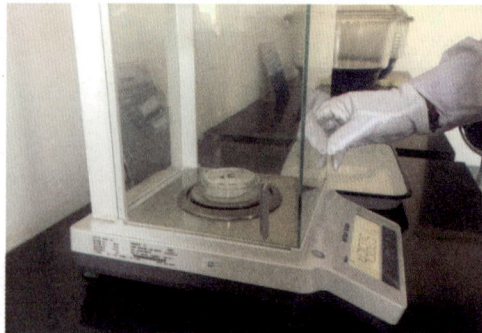

图3-60　称量玻璃培养皿的重量

图3-61 将滤膜平铺于三岐抽滤器上　　图3-62 过滤样品　　图3-63 烘干样品

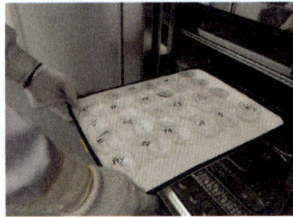

五、结果计算

悬浮物的含量按下式计算：

$$C = \frac{(A-B) \times 10^6}{V} \qquad (3-8)$$

式中：C——水中悬浮物浓度，单位为mg/L；

　　A——悬浮物+滤膜+称量瓶的重量，单位为g；

　　B——滤膜+称量瓶的重量，单位为g；

　　V——样品体积，单位为mL。

六、操作注意事项

（1）漂浮或浸没的不均匀固体物质不属于悬浮物，应从采集的水样中除去。

（2）贮存水样时不能加入任何保护剂，以防止破坏物质在固、液相间的分配平衡。如果不能及时分析样品，应将其贮存在4 ℃的冰箱中，且最长不超过7 d。

（3）滤膜上截留过多的悬浮物可能夹带过多的水分，除延长干燥时间外，还可能造成过滤困难，遇此情况，可酌情少取试样。滤膜上悬浮物过少，则会增大称量误差，影响测定精度，必要时，可增大试样体积。一般以5～100 mg悬浮物量作为量取试样体积的范围。

（4）水样在测定时一定要摇匀，否则会导致结果的代表性不好。

七、典型样品浓度和限值

水质悬浮物测定典型样品浓度和限值见表3-8。

表3-8 典型样品中悬浮物的浓度和限值　　　　　单位：mg/L

样品类型	悬浮物浓度	悬浮物限值
再生水厂进水	100～800	
再生水厂出水	<5	<5
城市管网水	0～30 000	
城市河道水	5~500	

八、原始记录填写范例

水质悬浮物测定的原始记录填写范例见图3-64。

编号：QR/PF10-HYS03-01-2017

检测当天日期

检测实验室编号

填写检测项目

水质重量法检测原始记录

检测项目：悬浮物　　**实验室温湿度读数**　　检测日期：2018年11月29日　　检测地点：215室

环境温湿度：20 ℃ 21 %RH　　样品类型：☑废水 □地表水 □其他　　**检测水样类型**

方法依据：水质 悬浮物的测定 重量法 GB 11901－1989　　**填写仪器信息**

计算公式：$SS/(mg/L) = (m_{12} - m_{02}) \times 10^6 /V$

主要实验过程：量取一定量充分混合均匀的水样抽吸过滤，使水分全部通过滤膜。停止吸滤后，取出载有悬浮物的滤膜放在原恒重的称量瓶中，移入烘箱中于103~105 ℃烘干1 h后移入干燥器中，使冷却到室温，称其重量。反复烘干、冷却、称量，直至两次称量的重量差≤0.4 mg

主要设备：
烘箱型号：UF450　计量编号：HYA3383　有效期至 2019年 2 月 28 日
天平型号：ME204　计量编号：HYA3428　有效期至 2019年 2 月 8 日

样品编码	容器编号	容器空重/g		取样量 V/mL	(容器+样品) 烘后重量/g		差值 /g	结果/ (mg/L)	备注
		m_{01}	m_{02}		m_{11}	m_{12}			
181129A11001	1	38.1157	38.1156	50.0	38.1248	38.1248	0.0094	189	
	2	40.3692	40.3691		40.3785	40.3785	0.0095		
181129A11035	3	37.4186	37.4187	500	37.4195	37.4195	0.0010	<5	
	4	39.6024	39.6023		39.6035	39.6037	0.0012		

填写样品编号

根据水样情况填写取样体积

计算结果

以下空白

需盖"以下空白"章

填写稀释倍数、取样体积

分析：XXX　　校核：123　　序号：N-1

分析人员签字

校核人员签字，与分析人员不能是同一人

总页数，第几页

图3-64　水质悬浮物测定原始记录填写范例

（注：该范例为资质认定实验室所用原始记录填写要求，各实验室可以根据需要进行修改。）

第七节　水质氯化物的测定

一、检测方法介绍

氯化物是指氯与另一种元素或基团组成的化合物，其中，氯离子是水和废水中一种常见的无机阴离子。

水质氯化物或氯离子的检测方法主要有硝酸银滴定法和离子色谱法等。本节内容只针对标准《水质　氯化物的测定　硝酸银滴定法》（GB 11896—1989）进行解读。

二、适用范围

本方法适用于天然水中氯化物的测定，也适用于经过适当稀释的高矿化度水如咸水、海水等，以及经过预处理除去干扰物的生活污水或工业废水。

本方法适用于氯化物的浓度为10~500 mg/L的水样的测定，高于此范围的水样经稀释后可以扩大其测定范围。

三、试剂及材料

1. 实验用水

本实验用水为蒸馏水或去离子水。

2. 铬酸钾溶液（浓度为50 g/L）

称取50 g铬酸钾溶于少量蒸馏水中，加入硝酸银溶液直至形成红色沉淀物，摇匀，放置12 h，过滤，稀释至1 000 mL。

3. 氯化钠标准溶液（浓度为0.014 1 mol/L，相当于500 mg/L氯化物）

将氯化钠在500~600 ℃下灼烧40~50 min，在干燥器中冷却后称取8.240 0 g，溶于蒸馏水中，在容量瓶中定容至1 000 mL。移取10.0 mL该溶液，在容量瓶中稀释至100 mL。1.00 mL该标准溶液中含有0.50 mg氯化物。

4. 硝酸银滴定液（浓度为0.014 1 mol/L）

称取2.395 0 g硝酸银置于烧杯中，用蒸馏水溶解，溶解后用蒸馏水定容到1 000 mL，贮存于棕色瓶中。用配制好的氯化钠标准溶液标定其浓度，步骤如下：

用吸管准确吸取25.00 mL氯化钠标准溶液（浓度为0.014 1 mol/L）于250 mL锥

形瓶中，加25.00 mL蒸馏水。另取一锥形瓶，量取50.00 mL蒸馏水作为空白试样。各加入1 mL铬酸钾溶液，在不断的摇晃下用硝酸银标准溶液滴定至砖红色沉淀刚刚出现即为终点。计算每毫升硝酸银溶液所相当的氯化物的量，然后校正其浓度，再作最后标定。

四、主要实验器具及仪器

本实验所用的主要实验器具为棕色滴定管，因为硝酸银见光容易发生分解。若使用电子滴定器代替滴定管进行滴定，需要进行计量检定或进行校准后方可进行检测使用。

五、操作步骤

本小节内容对水质氯化物的测定方法进行了概括，并对其中关键步骤作配图说明，以下是详细的操作步骤：

1. 空白滴定

移取50 mL蒸馏水于250 mL锥形瓶中，加入1 mL铬酸钾溶液，溶液呈黄色，用硝酸银溶液进行滴定，至砖红色刚刚出现即为滴定终点，记录消耗的硝酸银体积V_1。滴定过程颜色变化情况见图3-65。

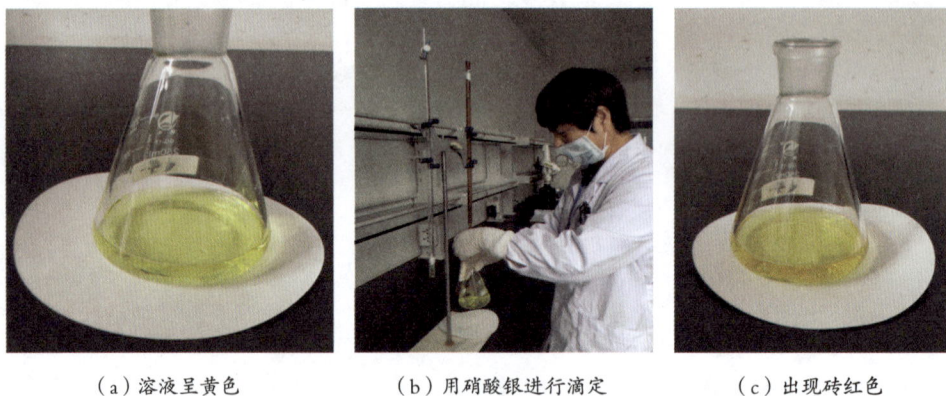

（a）溶液呈黄色　　　　　　（b）用硝酸银进行滴定　　　　　　（c）出现砖红色

图3-65　滴定过程溶液颜色变化情况

2. 样品测定

移取50 mL水样或经过预处理的样品（若氯化物含量高，可以用蒸馏水稀释至50 mL）于250 mL锥形瓶中。如果样品pH为7~10，直接滴定；如果样品pH不在这个范围内，可以用硫酸、氢氧化钠将pH调整为7~10。加入1 mL铬酸钾溶液，用硝酸银滴定液滴定至砖红色刚刚出现即为滴定终点，记录消耗的硝酸银体积V_2。样品滴定的最终颜色应与空白滴定终点颜色保持一致，见图3-66。

图3-66　样品和空白滴定终点颜色

六、结果计算

氯化物含量按下式计算：

$$C = \frac{(V_2 - V_1) \times M \times 35.45 \times 1\,000}{V}$$

（3-9）

式中：C——氯化物含量，单位为mg/L；

　　　V_1——蒸馏水消耗的硝酸银滴定液量，单位为mL；

　　　V_2——试样消耗的硝酸银滴定液量，单位为mL；

　　　M——硝酸银滴定液浓度，单位为mol/L；

　　　35.45——氯原子的相对原子质量；

　　　1 000——单位折算；

　　　V——试样体积，单位为mL。

七、质量控制要求

1. 空白试验

每批次样品应分析2个空白样品。

2. 准确度控制

每批次样品要做1个质控样品，其检测结果要在给定值范围内。

3. 精密度控制

每批次样品至少做10%平行样，计算相对偏差。

八、干扰及消除方法

如水样浑浊并带有颜色，则取100 mL样品或取适量水将其稀释至100 mL，加入3 mL氢氧化铝悬浮液，混合，沉淀，过滤。

如果样品中存在硫化物、亚硫酸盐或硫代硫酸盐，则加氢氧化钠溶液将水样调至中性或弱碱性，加入1 mL浓度为30%的过氧化氢，搅拌1 min。然后加热去除过量的过氧化氢，取上清液进行滴定。

九、操作注意事项

（1）水样须在中性至弱碱性范围内（pH为6.5~10.5）进行测定。酸性条件下，铬酸根离子易生成重铬酸根离子，影响铬酸银沉淀的生成。在碱性条件下，银离子易生成氧化银沉淀。

（2）铬酸根离子的浓度与沉淀形成的快慢有关，必须加入足量的指示剂。

（3）由于稍过量的硝酸银与铬酸钾形成铬酸银沉淀的终点较难判断，所以必须以蒸馏水做空白试验，以作对照判断（使终点色调一致）。

（4）用量筒量取水样时，液体凹液面要与刻度相切。向锥形瓶中倒入水样时，要沿着器壁，缓慢倒入后稍停留，使量筒内不要有残液。

（5）水样一定要摇匀，否则结果的平行性不好。

十、典型样品浓度和限值

水质氯化物测定典型样品浓度见表3-9。

表3-9　典型样品中氯化物浓度　　　　　　　　　　　　单位：mg/L

样品类型	氯化物浓度
再生水厂进水	100~200
再生水厂出水	100~200
城市管网水	20~900
城市河道水	10~120
雨水	0.5~5

十一、原始记录填写范例

水质氯化物测定的原始记录填写范例见图3-67。

编号：QR/PF10-HYS12-2017

填写检测项目 **检测当天日期** **检测实验室编号** **实验室温湿度读数**

水质滴定法检测原始记录

| 检测项目：氯化物 | 日期：2018年11月28日 | 检测地点：314室 | 环境温湿度：21℃ 16％RH |

方法依据：水质 氯化物的测定 硝酸银滴定法 GB 11896—1989　　样品类型：☑废水 □地表水 □其他 **检测水样类型**

主要设备：☑滴定管 25 mL □电子滴定器 计量编号：HYC3009 有效期至：2020 年 5 月 14 日

填写仪器信息

主要步骤：取适量水样于小烧杯中，加入铬酸钾指示剂，用硝酸银滴定至产生砖红色沉淀

填写硝酸银浓度

计算公式： $C = \dfrac{(V_{耗} - V_{空白}) \times M \times 35.45 \times 1000}{V} \times f$ 　　硝酸银浓度 $M = 0.02871$ mol/L

样品编码	稀释倍数 f	取样量 V/mL	滴定量/mL			结果 C/（mg/L）	备注
			$V_{始}$	$V_{终}$	$V_{耗}$		
空白	1	50.0	0.00	0.18	0.18		50.1±2.4
201840	1	50.0	0.00	2.59	2.59	49.1	
201840	1	50.0	0.00	2.63	5.63	49.9	
平均值						49.5	
181128A11001	1	50.0	0.00	7.88	7.88	157	
181128A11001	1	50.0	0.00	7.94	7.94	158	
平均值						158	
181128A12001	1	50.0	0.00	10.16	10.16	203	

填写空白 **填写质控** **填写样品编号** **填写稀释倍数、取样体积** **填写滴定量** **计算结果** **以下空白** **需盖"以下空白"章**

分析：XXX　　　　校核：123　　　　序号：N-1

分析人员签字 **校核人员签字，与分析人员不能是同一人** **总页数，第几页**

图3-67 水质氯化物测定原始记录填写范例

（注：该范例为资质认定实验室所用原始记录填写要求，各实验室可以根据需要进行修改。）

第八节　水质总硬度的测定

一、检测方法介绍

水中所含的钙和镁是水质硬度的主要来源，可以通过测定水中的钙和镁的含量来计算水质的总硬度。

水质钙镁含量的测定方法有原子吸收法、电感耦合等离子体发射光谱法和乙二胺四乙酸（EDTA）络合滴定法等。本节内容只针对标准《水质　钙和镁总量的测定　EDTA滴定法》（GB/T 7477—1987）进行解读。

二、适用范围

本方法适用于测定地下水和地面水中钙和镁的总量，不适用于含盐量高的水，如海水。本方法测定的最低浓度为0.05 mmol/L。

三、试剂及材料

1. 实验用水

本实验用水为蒸馏水，或纯度与之相当的水。

2. 缓冲溶液（pH=10）

称取1.25 g EDTA二钠镁（$C_{10}H_{12}N_2O_8Na_2Mg$）和16.9 g氯化铵溶于143 mL的氨水中，用水稀释至250 mL。

3. 钙标准溶液（浓度为10 mmol/L）

将碳酸钙在150 ℃下干燥2 h，取出，放在干燥器中冷却至室温。称取1.001 g干燥后的碳酸钙于500 mL锥形瓶中，用水润湿。逐滴加入浓度为4 mol/L的盐酸至碳酸钙全部溶解，避免滴入过量酸。加入200 mL水，煮沸数分钟以赶出二氧化碳。待溶液冷却至室温后，加入数滴甲基红指示剂溶液（0.1 g溶于100 mL浓度为60%的乙醇溶液），逐滴加入浓度为3 mol/L的氨水至溶液变为橙色。在容量瓶中定容至1 000 mL。每1 mL此溶液含有0.400 8 mg（0.01 mmol）钙。

4. EDTA二钠标准溶液（浓度约为10 mmol/L）

（1）溶液制备

先将EDTA二钠二水合物（$C_{10}H_{14}N_2O_8Na_2 \cdot 2H_2O$）在80 ℃下干燥2 h，放入干燥器

中冷却至室温。然后称取3.725 g溶于水，在容量瓶中定容至1 000 mL，将其存放在聚乙烯瓶中，定期校对其浓度。

（2）浓度标定

用钙标准溶液标定EDTA二钠溶液，并记录消耗钙标准溶液的体积V_2。

（3）浓度计算

EDTA二钠溶液的浓度按下式计算：

$$c_1 = \frac{c_2 \times V_2}{V_1}$$ （3-10）

式中：c_1——EDTA二钠溶液的浓度，单位为mmol/L；

　　　c_2——钙标准溶液的浓度，单位为mmol/L；

　　　V_2——钙标准溶液的体积，单位为mL；

　　　V_1——标定中消耗的EDTA二钠溶液的体积，单位为mL。

5．铬黑T指示剂

将0.5 g铬黑T溶于100 mL三乙醇胺，可用适量的乙醇代替三乙醇胺以减少溶液的黏性，但乙醇用量不宜超过25 mL，将溶液盛放在棕色瓶中。或者称取0.5 g铬黑T与100 g氯化钠充分混合，研磨后用40~50目筛子进行筛分，将其盛放在棕色瓶中，紧塞瓶塞，配制成铬黑T指示剂干粉。

四、主要实验器具及仪器

本实验所用主要实验器具为50 mL滴定管，其分刻度为0.10 mL。

五、操作步骤

本小节内容对水质总硬度的测定方法进行了概括，以下是详细的操作步骤：

（1）移取50 mL水样于250 mL锥形瓶中。

（2）向锥形瓶中加入4 mL缓冲溶液和3滴铬黑T指示剂，此时溶液应呈紫红色或紫色，其pH应为10.0±0.1。

（3）为防止产生沉淀，应立即在不断振摇下，使用滴定管向锥形瓶中加入EDTA二钠溶液。

（4）开始滴定时速度宜稍快；接近终点时应稍慢，并充分振摇，最好每滴间隔2~3 s。溶液的颜色由紫红色或紫色逐渐转为蓝色，在最后一点紫的色调消失，刚出现天蓝色时，即为终点。滴定过程中溶液的颜色变化见图3-68。

（5）整个滴定过程应在5 min内完成。记录消耗的EDTA二钠溶液体积。

（6）一般样品无须预处理。如样品中存在大量微小颗粒物，须在采样后尽快用0.45 μm孔径过滤器过滤。样品经过滤后，可能有少量钙和镁被滤除，造成检测结果偏低。

| （a） | （b） | （c） | （d） | （e） | （f） |

图3-68　滴定过程中溶液的颜色变化

六、结果计算

钙和镁总量按下式计算：

$$C = \frac{C_1 \times V_耗}{V} \times f \qquad （3-11）$$

式中：C——钙和镁总量，单位为mmol/L；

$\quad\quad C_1$——EDTA二钠溶液的浓度，单位为mmol/L；

$\quad\quad V_耗$——滴定过程中消耗的EDTA二钠溶液的体积，单位为mL；

$\quad\quad V$——样品的体积，单位为mL；

$\quad\quad f$——样品的稀释倍数。

七、质量控制要求

每次测定应测定1个质控样品，其测定结果在标准值范围内。

八、干扰及消除方法

如样品中铁离子的含量小于等于30 mg/L，可在临滴定前加入250 mg氰化钠或数毫升三乙醇胺掩蔽，氰化物使锌、铜、钴的干扰减至最小，三乙醇胺能减少铝的干扰。加氰化钠前必须保证溶液呈碱性。

样品中正磷酸盐的含量超出1 mg/L，在滴定的pH条件下可使钙生成沉淀。如滴定速度太慢，或钙含量超出100 mg/L会析出磷酸钙沉淀。如上述干扰未能消除，或存在铝、钡、铅、锰等离子干扰时，需改用火焰原子吸收法或等离子发射光谱法测定。

九、典型样品浓度和限值

水质总硬度测定的典型样品浓度见表3-10。

表3-10　典型样品（北方）总硬度浓度范围　　　　　　　　单位：mg/L

样品类型	总硬度浓度范围
再生水厂进水	150~500
再生水厂出水	150~500

十、原始记录填写范例

水质总硬度测定的原始记录填写范例见图3-69。

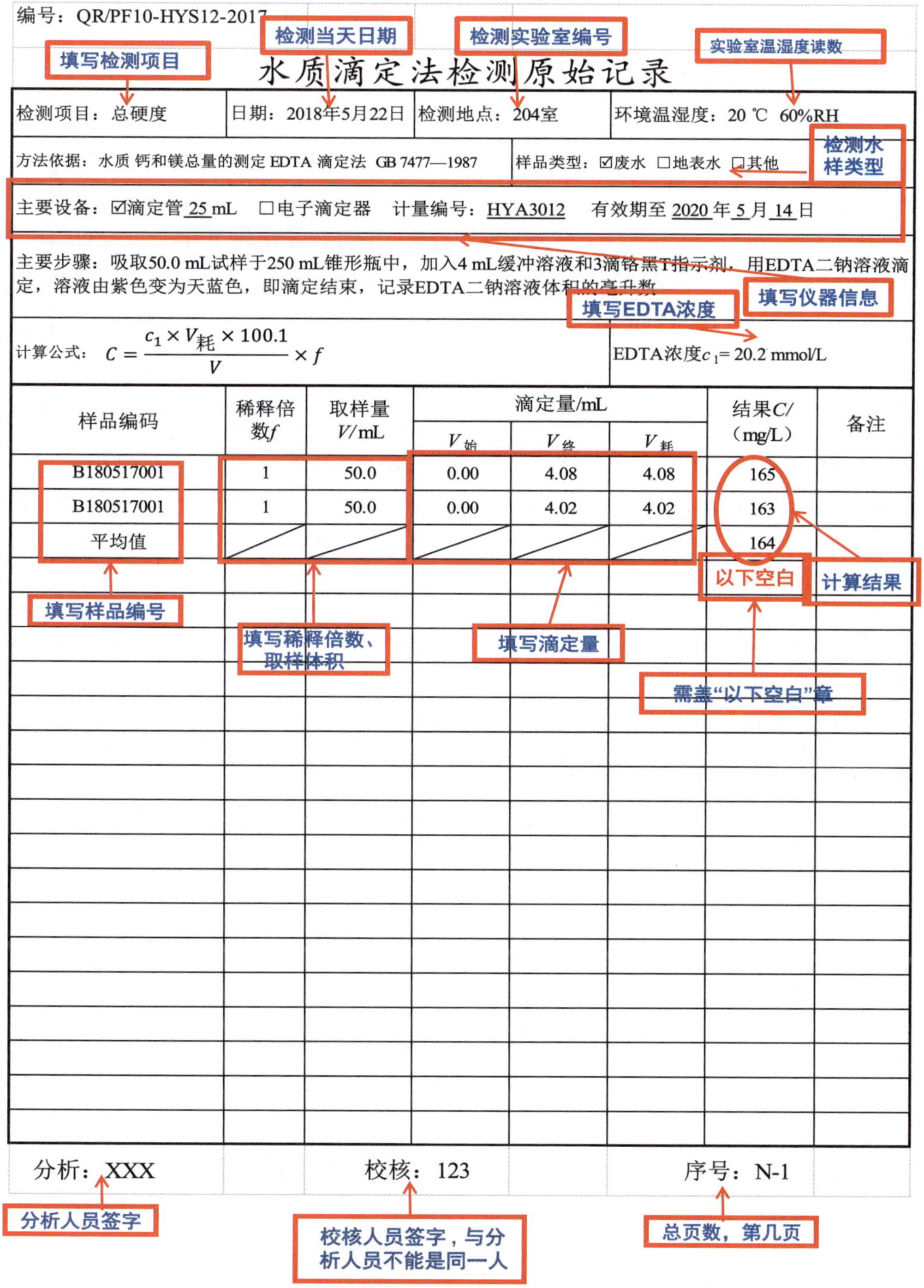

编号：QR/PF10-HYS12-2017

水质滴定法检测原始记录

检测项目：总硬度	日期：2018年5月22日	检测地点：204室	环境温湿度：20 ℃ 60%RH
方法依据：水质 钙和镁总量的测定 EDTA 滴定法 GB 7477—1987		样品类型：☑废水 □地表水 □其他	
主要设备：☑滴定管 25 mL □电子滴定器 计量编号：HYA3012 有效期至 2020 年 5 月 14 日			
主要步骤：吸取50.0 mL试样于250 mL锥形瓶中，加入4 mL缓冲溶液和3滴铬黑T指示剂，用EDTA二钠溶液滴定，溶液由紫色变为天蓝色，即滴定结束，记录EDTA二钠溶液体积的毫升数			
计算公式：$C=\dfrac{c_1\times V_{耗}\times 100.1}{V}\times f$			EDTA浓度c_1= 20.2 mmol/L

样品编码	稀释倍数f	取样量V/mL	滴定量/mL			结果C/(mg/L)	备注
			$V_{始}$	$V_{终}$	$V_{耗}$		
B180517001	1	50.0	0.00	4.08	4.08	165	
B180517001	1	50.0	0.00	4.02	4.02	163	
平均值						164	
						以下空白	

分析：XXX　　校核：123　　序号：N-1

图3-69 水质总硬度测定原始记录填写范例

（注：该范例为资质认定实验室所用原始记录填写要求，各实验室可以根据需要进行修改。）

第九节　水质石油类和动植物油类的测定

一、检测方法介绍

　　油类是指在pH≤2的条件下，能够被四氯乙烯萃取且在波数为2 930 cm^{-1}、2 960 cm^{-1}和3 030 cm^{-1}处有特征吸收的物质，主要包括石油类和动植物油类。其中：石油类是指在pH≤2的条件下，能够被四氯乙烯萃取且不被硅酸镁吸附的物质；动植物油类是指在pH≤2的条件下，能够被四氯乙烯萃取且被硅酸镁吸附的物质。

　　水质油类的检测方法有红外分光光度法、紫外分光光度法和气相色谱法。本节内容只针对标准《水质 石油类和动植物油类的测定 红外分光光度法》（HJ 637—2018）进行解读。

二、适用范围

　　本方法适用于地表水、地下水、工业废水和生活污水中石油类和动植物油类的测定。

　　当样品体积为500 mL，萃取液体积为50 mL，使用4 cm石英比色皿时，本方法的检出限为0.06 mg/L，测定下限为0.24 mg/L。

三、试剂及材料

1．实验用水

本实验用水为蒸馏水或同等纯度的水。

2．四氯乙烯

以干燥的4 cm空的石英比色皿为参比，在2 800~3 100 cm^{-1}使用4 cm石英比色皿扫描四氯乙烯谱图，2 930 cm^{-1}、2 960 cm^{-1}、3 030 cm^{-1}处吸光度应分别不超过0.34、0.07、0。

3．无水硫酸钠

将无水硫酸钠在550 ℃下加热4 h，冷却后装入磨口玻璃瓶中，置于干燥器内储存。

4．硅酸镁

取硅酸镁于瓷蒸发皿中，置于马弗炉内于550 ℃下加热4 h，在炉内冷却至约200 ℃后，移入干燥器中冷却至室温，于磨口玻璃瓶内保存。使用时，称取适量的硅酸镁于磨口玻璃瓶中，根据硅酸镁的质量，按6%（质量比）的比例加入适量的蒸馏水，密塞并充分振荡数分钟，放置约12 h后使用。

5．玻璃棉

使用前，将玻璃棉用四氯乙烯浸泡洗涤，晾干备用。

6．校准试剂

本实验用校准试剂正十六烷、异辛烷和苯均为色谱纯。校正仪器时，按体积比配制三者混合物，正十六烷、异辛烷和苯的体积比为65∶25∶10。称取1.0 g混合物，用四氯乙烯定容至100 mL。校正混合物溶液也可用正十六烷、姥鲛烷和甲苯配制，三者的体积比为5∶3∶1。

四、主要实验器具及仪器

1．红外测油仪

红外测油仪（图3-70）是指利用红外分光光度法原理，对样品进行光谱扫描，测量样品中油类物质含量的仪器。红外测油仪能在3 400~2 400 cm^{-1}的波长范围内进行扫描，在2 930 cm^{-1}、2 960 cm^{-1}、3 030 cm^{-1}处测量吸光度，并配有4 cm带盖石英比色皿。

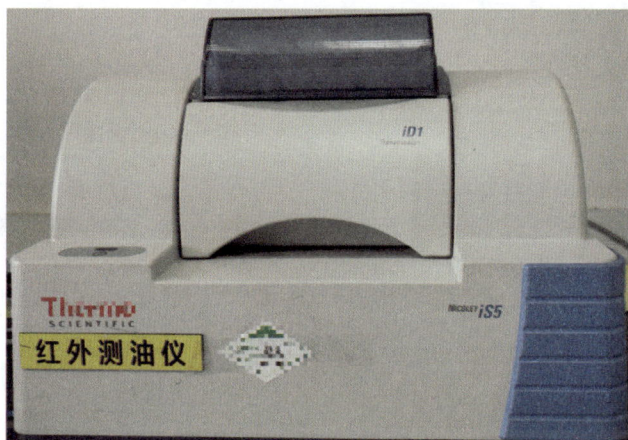

图3-70　红外测油仪

2．水平振荡器

水平振荡器是一款具有水平振荡功能的仪器，用于样品混匀或化学反应等实验。

3．分液漏斗

本实验用分液漏斗规格为1 000 mL，带聚四氟乙烯旋塞。

4．玻璃砂芯漏斗

玻璃砂芯漏斗是一种带有砂芯滤板的玻璃过滤仪器。

5．锥形瓶

本实验用锥形瓶规格为50 mL。

6．比色管

本实验用比色管规格为25 mL、50 mL，具塞磨口。

7．量筒

本实验用量筒规格为1 000 mL。

五、操作步骤

本小节内容概括了水质油类测定方法，并对其中关键步骤作配图说明，以便于操作者理解和掌握。以下是详细的操作步骤：

1．油类试样的制备

（1）将样品全部转移至1 000 mL分液漏斗中，量取50 mL四氯乙烯（图3-71）洗涤样品瓶后，全部转移至分液漏斗中，见图3-72。

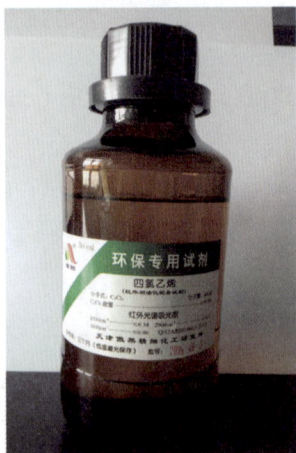

图3-71　实验用四氯乙烯

图3-72　向样品中加入四氯乙烯

（2）将分液漏斗充分振荡2 min并经常开启旋塞排气，静置，使溶液分层，其中上层为水相，下层为有机相，见图3-73和图3-74。

图3-73　分液漏斗振荡萃取后的状态图

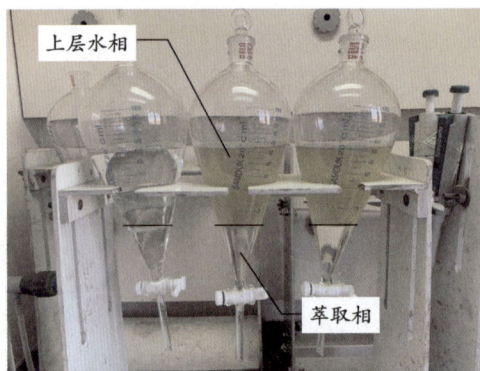

图3-74　静置后分液漏斗的效果图

（3）用镊子夹取玻璃棉置于玻璃漏斗，打开分液漏斗旋塞，将下层有机相中的萃取液通过装有无水硫酸钠的玻璃漏斗放至50 mL比色管中（图3-75），用适量四氯乙烯润洗玻璃漏斗，将润洗液合并至萃取液中，用四氯乙烯定容至刻度。将上层相全部转移至量筒，测量样品体积并记录。

（4）将萃取液分为两份，一份直接用于测定油类，另一份用于测定石油类。

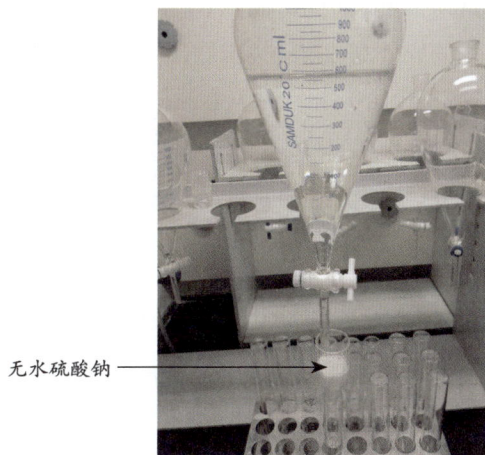

图3-75　转移下层相至比色管

2．石油类试样的制备

采用振荡吸附法，取另一份萃取液25 mL，倒入装有5 g硅酸镁的50 mL三角瓶，置于水平振荡器上，连续振荡20 min，静置。将玻璃棉置于玻璃漏斗中，将萃取液倒入玻璃漏斗过滤至25 mL比色管，用于测定石油类含量。振荡吸附过程见图3-76和图3-77。

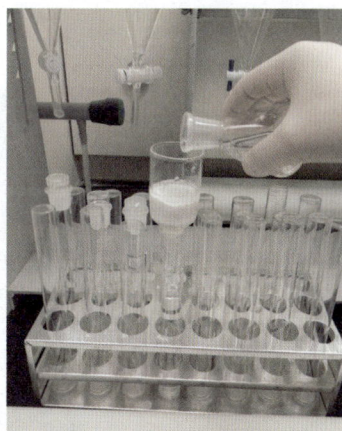

图3-76　振荡吸附萃取液中动植物油过程　　图3-77　过滤振荡吸附后的萃取液

3．结果的测定

（1）油类的测定

将萃取液转移至4 cm石英比色皿中，使用红外测油仪，以四氯乙烯作为参比，于

111

$2\ 930\ cm^{-1}$、$2\ 960\ cm^{-1}$、$3\ 030\ cm^{-1}$处测量其吸光度$A_{2\,930}$、$A_{2\,960}$、$A_{3\,030}$。

（2）石油类的测定

将经硅酸镁吸附后的萃取液转移至4 cm石英比色皿。使用红外测油仪，以四氯乙烯作为参比，于$2\ 930\ cm^{-1}$、$2\ 960\ cm^{-1}$、$3\ 030\ cm^{-1}$处测量其吸光度$A_{2\,930}$、$A_{2\,960}$、$A_{3\,030}$。

（3）空白试样的测定

按与油类、石油类试样相同的步骤，进行空白试样的测定。

注意：本实验室使用的红外测油仪经校准后，仪器自动保存校正因子，并自动计算出待测样品的结果，无须记录$2\ 930\ cm^{-1}$、$2\ 960\ cm^{-1}$、$3\ 030\ cm^{-1}$处的吸光度。若使用的红外测油仪与本实验室功能相当，测定样品结果时，可将样品转移至4 cm石英比色皿，直接放置于红外测油仪中进行比色，测定其结果并记录。

4．红外测油仪的使用

红外测油仪是水质油类测定过程中的关键仪器，掌握其使用方法对于整个测定过程非常重要，下面介绍红外测油仪的使用方法。

注意：以下所述操作步骤以赛默飞世尔IS5红外分光光度计软件的使用为例，其他型号设备以说明书为准。

（1）开机前的检查

开机前，先检查仪器室的温度及湿度是否符合要求；干燥剂的指示剂标签颜色是否保持蓝色，若变为粉色或白色则应更换干燥剂；确认样品室内无异物。

（2）打开软件

按顺序打开IS5主机开关和计算机开关，进入Windows界面。点击电脑桌面上的"OMNIC"图标（图3-78），出现红外测油仪软件页面，见图3-79。待仪器预热结束，界面右上角"System Status"为绿色对钩时，即可开始样品测定。

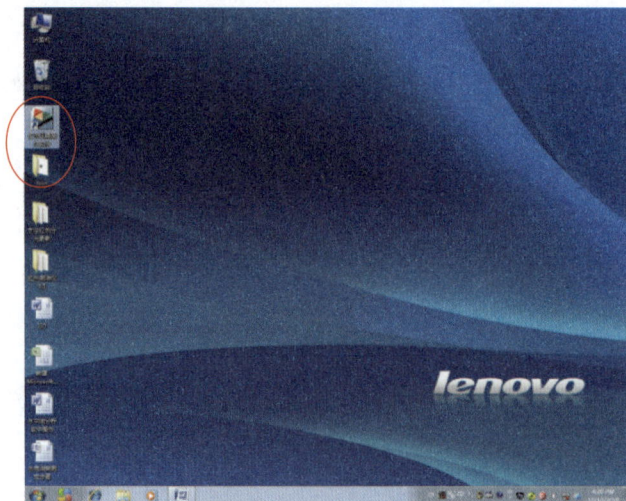

图3-78　电脑桌面上的OMNIC软件图标

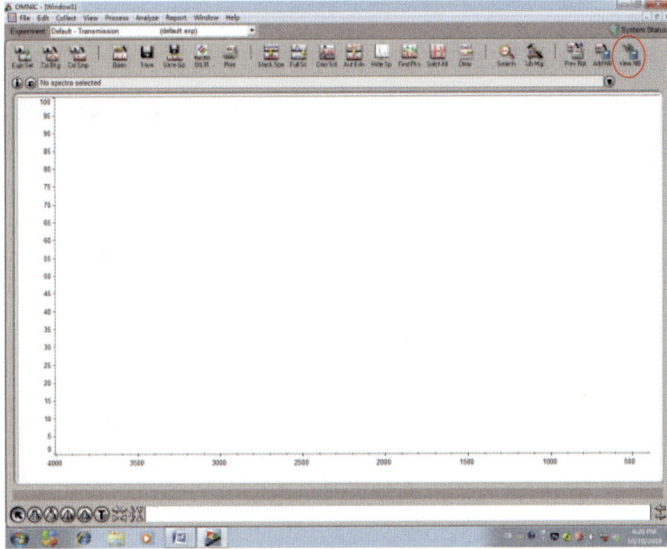

图3-79 OMNIC软件界面

（3）设置样品信息

首先点击软件界面左上角的"Expt Set"设置样品信息，见图3-80。修改样品名称前缀"Base name"，一般改为当天日期；同时修改文件保存位置，便于查找谱图。其中背景处理（Background handling）可不修改，但应注意采集空白的时间（Collect background after_minutes），应根据实验时长进行设定，一般默认为400 min。如实验时间过长，背景会失效，这时需重新采集空白。以上条件均设置完毕后，点击弹出窗口中的"OK"关闭窗口。

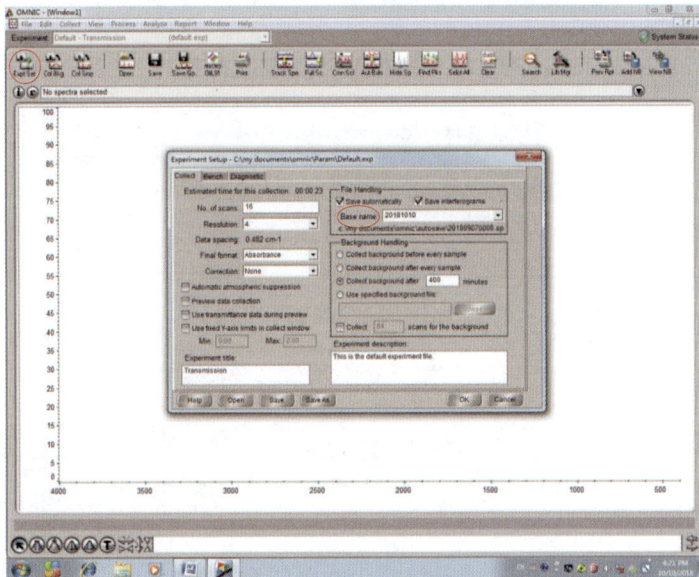

图3-80 样品信息设置窗口

（4）采集背景

① 将空白样品放入样品室，点击OMNIC软件界面中的"Col Bkg"进行背景采集，见图3-81。在弹出窗口中点击"OK"，弹出背景采集确认窗口，见图3-82；选择"OK"，开始采集背景，采集背景过程界面见图3-83。

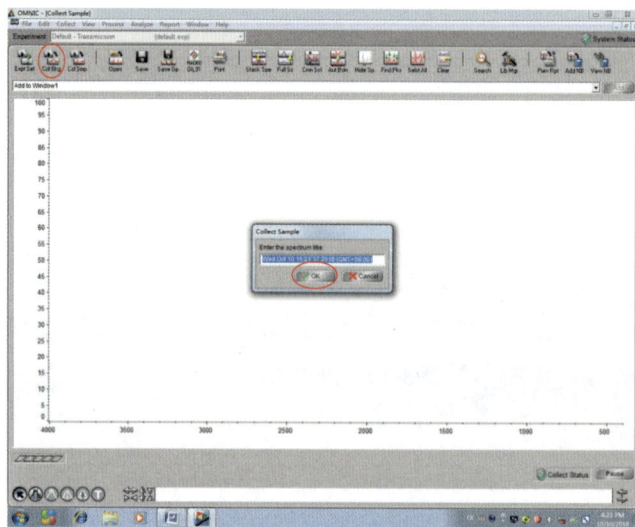

图3-81　背景采集界面

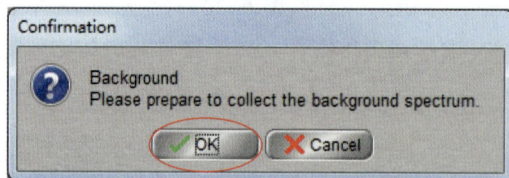

图3-82　采集背景确认窗口界面

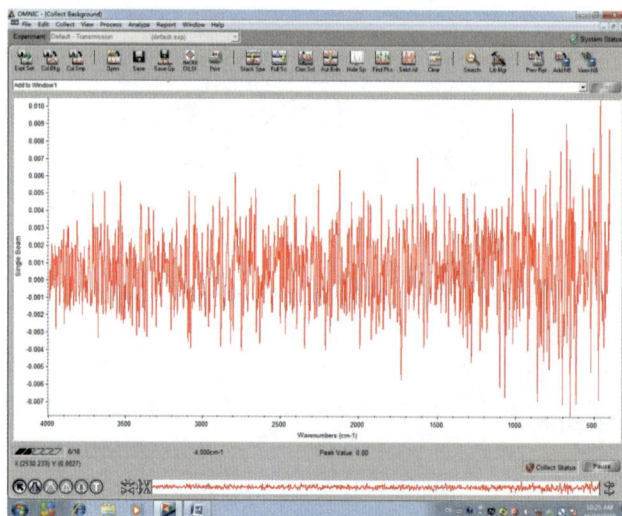

图3-83　背景采集过程界面

② 背景采集完成后，会自动弹出信息确认窗口，点击窗口中的"Yes"（图3-84），将背景添加至软件主界面，即可在OMNIC软件界面查看已采集的背景谱图，见图3-85。

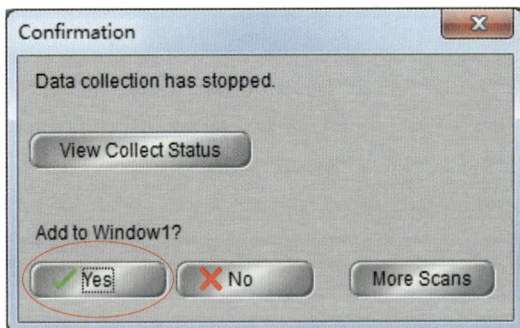

图3-84 背景采集结束确认窗口

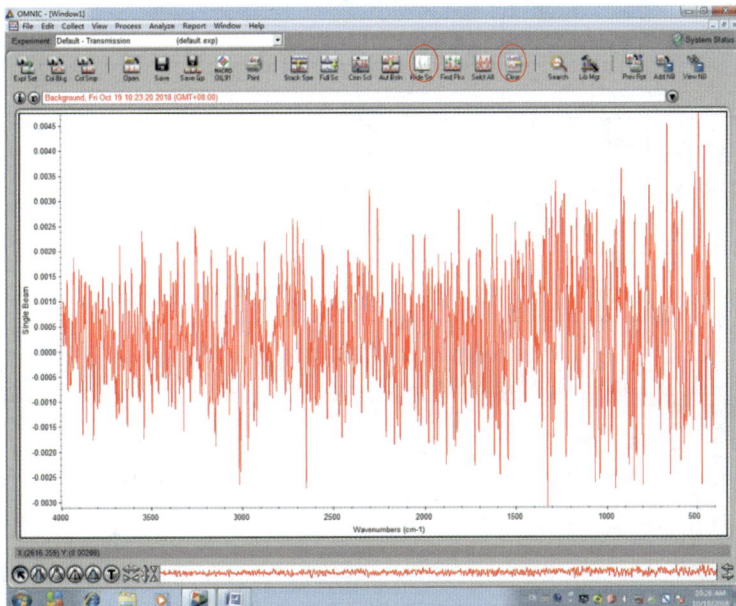

图3-85 采集完成的背景谱图

③ 此时如不需要背景图，可用鼠标单击选中背景谱图，再点击图3-85中的"Clear"将背景图删除，或者点击图3-85中的"Hide up"将背景图隐藏。然后开始样品测定。

（5）采集样品谱图

① 将样品放入样品室，点击"Col Smp"采集样品，在弹出窗口中输入谱图标题，点击"OK"确定，见图3-86。在图3-87的弹出窗口中点击"OK"，开始样品采集。样品采集过程中的软件界面见图3-88。

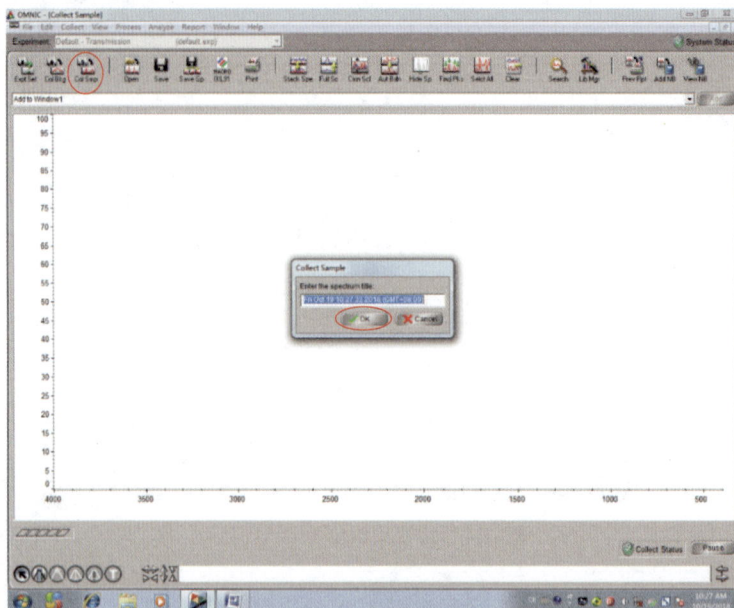

图3-86　样品采集界面

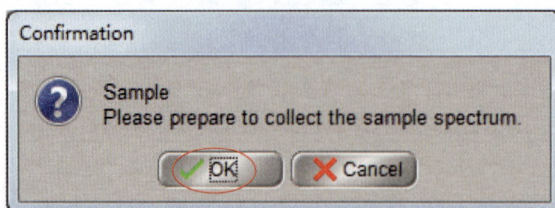

图3-87　样品采集确认

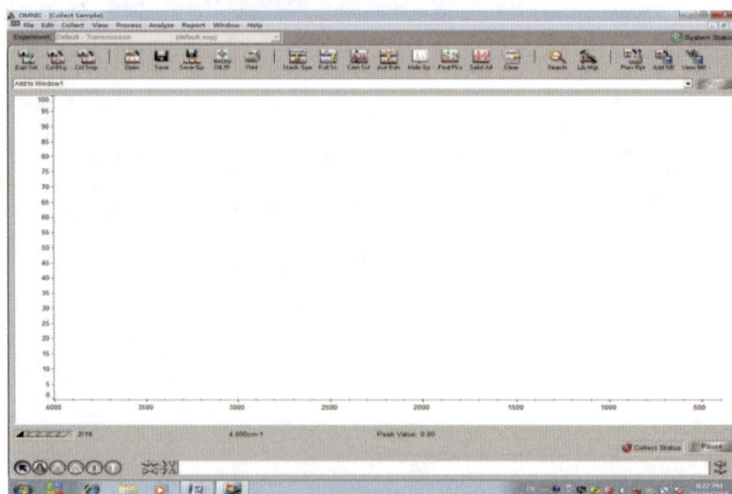

图3-88　样品谱图采集过程界面

　　② 采集完成后界面中自动弹出窗口，见图3-89。此时，点击图3-89中的"Yes"，将采集的样品谱图加入当前窗口，即可查看已采集的样品谱图，见图3-90。

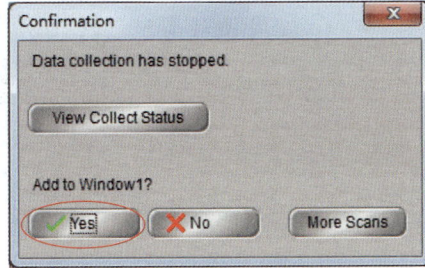

图3-89 样品谱图采集完成窗口

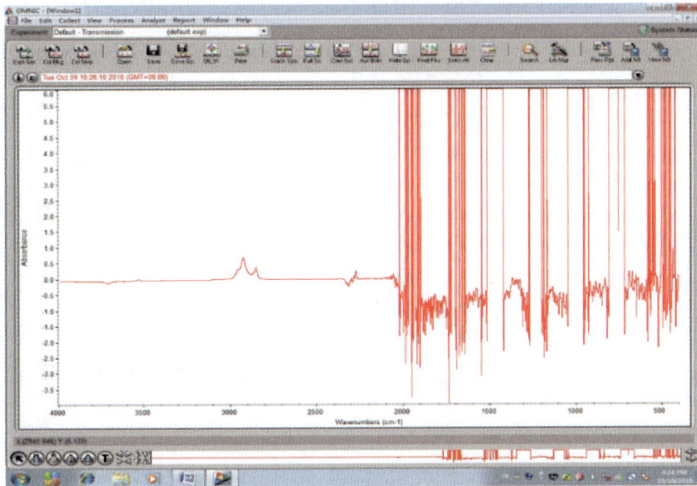

图3-90 已采集的样品谱图

（6）计算样品结果

① 打开样品谱图，点击软件界面中的"MACRO OIL 91"图标，开始分析样品中的油类结果，弹出窗口见图3-91。在如图3-91所示的弹出窗口中点击"OK"继续，弹出窗口见图3-92，点击窗口中的"Analysis samples"继续。点击弹出窗口（图3-93）中的"OK"继续。

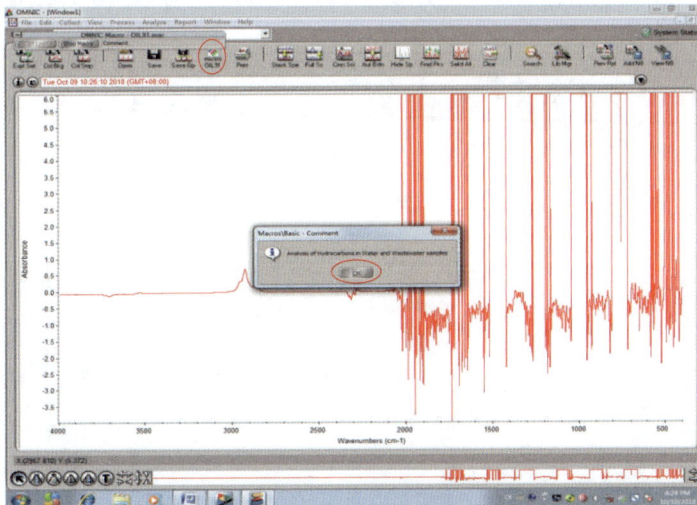

图3-91 结果分析界面

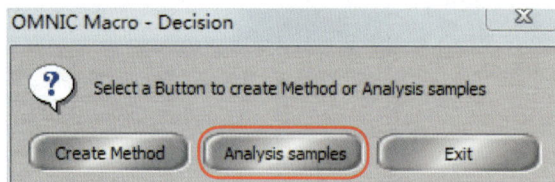

图3-92 选择"Analysis samples"界面

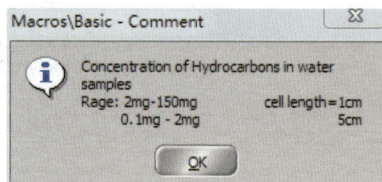

图3-93 选择"OK"界面

② 在后续弹出窗口（图3-94）中输入样品描述，一般为"样品编号"，如"1001"，然后点击"OK"继续。弹出如图3-95所示的窗口，输入比色皿光程长度"4"，点击"OK"继续。在后续窗口（图3-96）中输入方法名称，如OIL，点击"OK"继续。接着弹出如图3-97所示的窗口，在其中输入报告文件名称，可输入样品编号，如"1001"，点击"OK"继续。

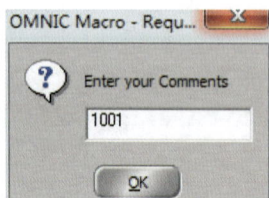

图3-94 输入样品编号界面

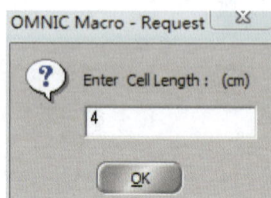

图3-95 输入比色皿光程窗口

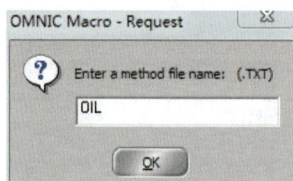

图3-96 输入方法名称窗口

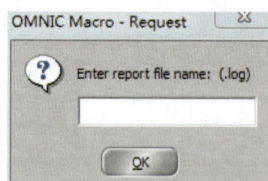

图3-97 输入报告文件名称窗口

③ 仪器自动计算样品结果，计算完成后出现如图3-98所示的界面。此时可选择"Otherwise,View the report"查看样品结果报告，见图3-99；或者直接将窗口关闭，回到样品谱图界面，见图3-100。

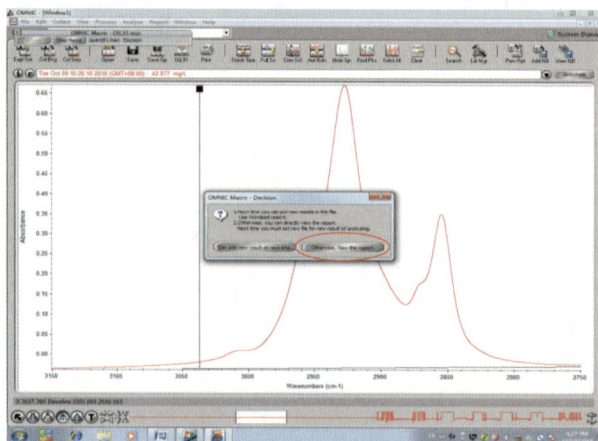

图3-98 样品计算完成界面

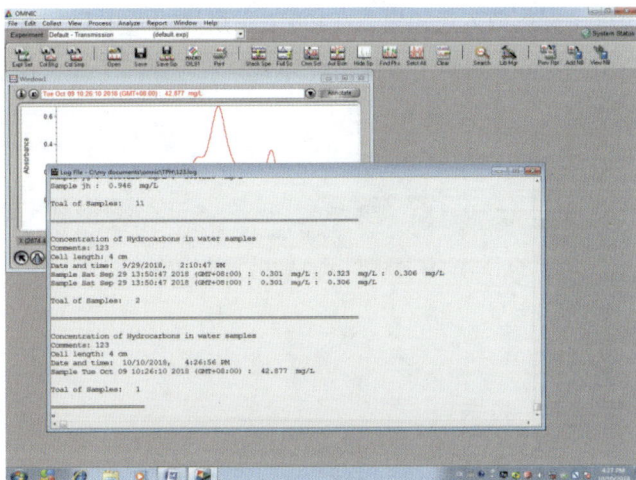

图3-99 样品计算结果报告界面

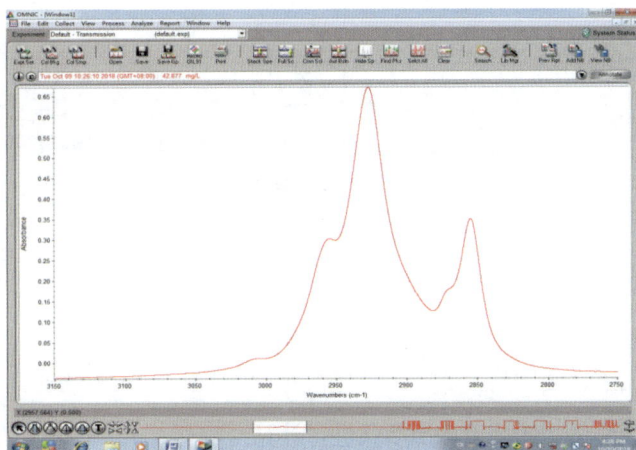

图3-100 计算完成的样品谱图

（7）处理多个谱图

计算样品结果，可在测完单个样品后进行，也可在全部样品测定结束后一起进行。若要同时计算所有样品的结果，可参考以下步骤。

① 首先回到样品谱图界面，见图3-101，其中已包含多个样品的谱图。

② 此时，点击如图3-101所示界面中的"MACRO OIL 91"图标进行计算，后续操作步骤同单个样品谱图处理过程，计算完毕后关闭弹出窗口，即可查看样品结果与谱图，完成测定操作。

（8）红外测油仪使用注意事项

① 红外测油仪开机后很快就能稳定，开机30 min后即可测试样品。为延长仪器使用寿命，使用完毕后最好将仪器关闭，并切断电源。

② 红外测油仪工作环境对湿度有严格要求，一般要求实验室环境要保证温度为18~28 ℃，湿度在60%以下。使用时，应密切关注指示片状态，当指示片变白后应及时

更换干燥剂。换下的干燥剂放入烘箱里，在100 ℃下烘烤7 h左右后，方可恢复使用。

③ 为防止仪器受潮而影响使用寿命，红外实验室应保持干燥，仪器样品室应放入干燥剂。

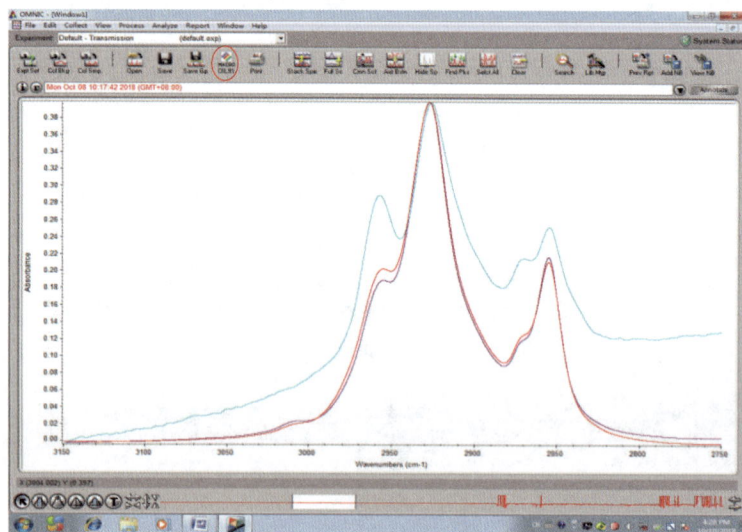

图3-101　多个样品谱图

六、结果计算

1．结果计算

（1）油类或石油类的浓度计算

样品中油类或石油类的浓度按照下式进行计算：

$$\rho = \left[X \times A_{2\,930} + Y \times A_{2\,960} + Z \times \left(A_{3\,030} - \frac{A_{2\,930}}{F} \right) \right] \times \frac{V_0 \times D}{V_w} - \rho_0 \qquad （3-12）$$

式中：ρ ——样品中油类或石油类的浓度，单位为mg/L；

　　　ρ_0——空白样品中油类或石油类的浓度，单位为mg/L；

　　　X——与CH_2基团中C—H键吸光度对应的系数，单位为mg/（L·吸光度）；

　　　Y——与CH_3基团中C—H键吸光度对应的系数，单位为mg/（L·吸光度）；

　　　Z——与芳香环中C—H键吸光度对应的系数，单位为mg/（L·吸光度）；

　　　F——脂肪烃对芳香烃影响的校正因子，即正十六烷在2 930 cm^{-1}与3 030 cm^{-1}处的吸光度之比；

　　　$A_{2\,930}$、$A_{2\,960}$、$A_{3\,030}$——各对应波数下测得的萃取液的吸光度；

　　　V_0——萃取溶剂的体积，单位为mL；

　　　V_w——样品体积，单位为mL；

　　　D——萃取液稀释倍数。

注意：若使用与本实验室相同或相近的红外测油仪进行测试，可直接从仪器中读出油类或石油类的测试结果，无须按照上式进行计算。

（2）动植物油类的浓度计算

样品中动植物油类的浓度按照下式进行计算：

$$\rho_3 = \rho_1 - \rho_2 \tag{3-13}$$

式中：ρ_3——样品中动植物油类的浓度，单位为mg/L；

$\quad\quad\rho_1$——样品中油类的浓度，单位为mg/L；

$\quad\quad\rho_2$——样品中石油类的浓度，单位为mg/L。

2．结果表示

测定结果小数点后位数的保留与方法检出限一致，最多保留3位有效数字。

七、质量控制要求

四氯乙烯的保存应严格按照标准条件避光保存，使用前要对四氯乙烯进行检测，扫描其在2 930 cm^{-1}、2 960 cm^{-1}、3 030 cm^{-1}处的吸光度，确认合格后，方可使用。

每批样品分析前，应先做方法空白试验，且空白值应低于检出限。

八、操作注意事项

（1）分液漏斗活塞上不能使用油性润滑剂。

（2）测定矿物油要单独采样，不允许在实验室内再分样。

（3）实验中所用的四氯乙烯对人体健康有害，所有操作应在通风橱内进行，并按要求佩戴防护用具，避免其接触皮肤和衣物。

（4）样品分析过程中产生的四氯乙烯废液应存放于密闭容器中，并做好相应标志，妥善处理。

九、典型样品浓度和限值

水质油类测定的典型样品浓度和限值见表3-11。

表3-11　典型样品油类浓度和限值　　　　　　单位：mg/L

样品类型	石油类浓度	动植物油类浓度	油类限值
再生水厂进水	0.5~10	0.5~10	
再生水厂出水	0~0.3	0~0.4	0.5
城市管网水	0.3~10	0.3~10	

十、原始记录填写范例

水质油类测定的原始记录填写范例见图3-102。

编号：QR/PF10-HYS05-11-2018

填写检测项目 | **检测当天日期** | **检测实验室编号**

水质油类检测原始记录

检测项目：油类 **实验室温湿度读数**	检测日期：2018年 9 月 29 日	检测地点：209室
环境温湿度：27 ℃　　49 %RH	样品类型：☑废水 □地表水 □其他	**检测水样类型**

方法依据：水质 石油类和动植物油类的测定 红外分光光度法 HJ 637—2018　　检出限：0.06 mg/L

校准液编号：正十六烷 Lot：2G12PA　　异辛烷 Lot：LGT1246　　苯 Lot：2G120PA　　**填写校准液编号**

计算公式：$\rho_{油类/石油类} = \rho \times V_0 \times D/V_w - \rho_0$，$\rho_{动植物油类} = \rho_{油类} - \rho_{石油类}$，萃取液体积$V_0 = 50$ mL

主要设备：　分光光度计型号：红外分光光度计　　计量编号：HYA3154　有效期至2022年 10 月 28 日

主要实验过程：将全部样品转移至1000 mL分液漏斗中，取50 mL四氯乙烯洗涤采样瓶后，全部转移到分液漏斗中充分振摇2 min，将下层有机相通过装有无水硫酸钠的漏斗放至50 mL比色管中，用四氯乙烯润洗漏斗并定容。水相全部转移至1000 mL量筒中，测量样品体积　　**填写仪器信息**

样品编码	取样量 V_w/mL	稀释倍数 D	油类测定值/(mg/L)	$\rho_{油类}$/(mg/L)	石油类测定/(mg/L)	$\rho_{石油类}$/(mg/L)	$\rho_{动植物油类}$/(mg/L)	备注
空白	50.0	10.0			0.000	0.000		
205954	5.00				67.9	67.9		
205954	5.00				68.3	68.3		
平均值					68.1	68.1		
180910C01614	502	10.0	79.453	7.95	13.276	1.33	6.62	
180910C01614	504	10.1	80.335	7.96	14.917	1.48	6.48	
平均值				7.96		1.40	6.55	
180910C01615	497	9.94	1.089	0.11	0.301	<0.04	0.08	

填写空白　**填写质控**　**填写样品编号**　**填写稀释倍数、取样体积**　**填写油类结果**　**填写石油类结果**　**以下空白**　**填写动植物油结果**　**需盖"以下空白"章**

分析：XXX	审核：123	序号：N-1

分析人员签字　　**校核人员签字，与分析人员不能是同一人**　　**总页数，第几页**

图3-102　水质油类测定的原始记录填写范例

（注：该范例为资质认定实验室所用原始记录填写要求，各实验室可以根据需要进行修改。）

第十节 水质无机阴离子的测定

一、检测方法介绍

水中无机阴离子通常包括氟离子（F^-）、氯离子（Cl^-）、溴离子（Br^-）、亚硝酸根离子（NO_2^-）、硝酸根离子（NO_2^-）、磷酸根离子（PO_4^{3-}）、亚硫酸根离子（SO_3^{2-}）、硫酸根离子（SO_4^{2-}）等，测定这些离子的含量是评价水质污染状况的重要指标之一。

水质无机阴离子的检测方法有离子色谱法、分光光度法，部分阴离子还可以用滴定法检测。本节内容只针对标准《水质 无机阴离子（F^-、Cl^-、NO_2^-、Br^-、NO_3^-、PO_4^{3-}、SO_3^{2-}、SO_4^{2-}）的测定 离子色谱法》（HJ 84—2016）进行解读。

二、适用范围

本方法适用于地表水、地下水、工业废水和生活污水中8种可溶性无机阴离子（F^-、Cl^-、NO_2^-、Br^-、NO_3^-、PO_4^{3-}、SO_3^{2-}、SO_4^{2-}）的测定。

三、试剂及材料

1. 实验用水

本实验用的水必须为超纯水。

2. 标准溶液

本实验所用标准溶液可直接采购，也可以按照标准中的配制方法自行配制，包括F^-、Cl^-、NO_2^-、Br^-、NO_3^-、PO_4^{3-}、SO_3^{2-}、SO_4^{2-}共8种标准贮备液，每种离子的浓度均为1 000 mg/L。

3. 混合标准使用液

使用上述8种浓度为1 000 mg/L的标准贮备液，配制成含有10 mg/L的F^-、200 mg/L的Cl^-、10 mg/L的Br^-、10 mg/L的NO_2^-、100 mg/L的NO_3^-、50 mg/L的PO_4^{3-}、50 mg/L的SO_3^{2-}和200 mg/L的SO_4^{2-}的混合标准使用液，备用。

四、主要实验器具及仪器

1. 离子色谱仪

离子色谱仪（图3-103）是高效液相色谱的一种，一般由流动相输运系统、进样系统、分离系统、抑制或衍生系统、检测系统及数据处理系统等几部分组成，适用于微量、痕量的阴、阳离子分析。

2．抽气过滤装置

抽气过滤装置配有孔径小于等于0.45 μm的醋酸纤维或聚乙烯滤膜。

3．一次性水系微孔滤膜针筒过滤器

本实验所用一次性水系微孔滤膜针筒过滤器孔径为0.45 μm。

4．一次性注射器

本实验所用一次性注射器规格为1~10 mL。

5．预处理柱

本实验使用的预处理柱为：以聚苯乙烯-二乙烯基苯为基质的RP柱或硅胶为基质键合的C_{18}柱（用于去除样品中的疏水性化合物）、H型强酸性阳离子交换柱或Na型强酸性阳离子交换柱（用于去除样品中的重金属和过渡性金属离子）等类型。

五、操作步骤

本小节内容概括了水质无机阴离子测定的操作步骤，重点介绍了离子色谱仪的使用方法，具体内容如下：

1．标准曲线的绘制

分别准确移取0.00 mL、1.00 mL、2.00 mL、5.00 mL、10.0 mL、20.0 mL配制好的混合标准使用液，置于一组100 mL容量瓶中，用水稀释定容至标线，混匀，配制成6个不同浓度的混合标准系列。可根据被测样品的浓度确定合适的标准系列浓度范围。按其浓度由低到高的顺序依次注入离子色谱仪，记录峰面积（或峰高）。以各离子的质量浓度为横坐标，峰面积（或峰高）为纵坐标，绘制标准曲线。

2．试样的分析过程

将待测样品用0.45 μm的过滤膜过滤至样品管中，使液面高度位于样品管架的刻度线之间，按此方法配制样品，然后进样分析。对含干扰物质的复杂水质样品，须用相应的预处理柱进行有效去除后再进样。

将制备好的待测试样放入自动进样器中，编辑样品表。然后启动批处理，离子色谱仪自动测定阴离子浓度，仪器以保留时间对阳离子进行定性分析，以仪器响应值对阴离子进行定量分析。

3．离子色谱仪的操作方法

离子色谱仪是测定水质阴离子的重要仪器，现将其使用方法进行介绍。以下操作方法以赛默飞世尔公司ICS-2000型离子色谱仪（图3-103）为例，其他品牌离子色谱仪请参照厂家说明书进行操作。

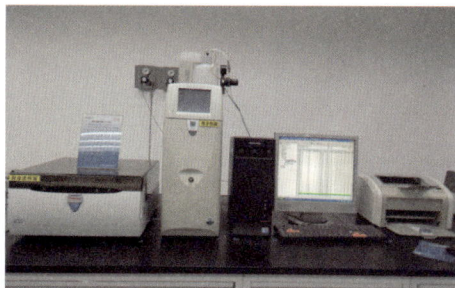

图3-103　离子色谱仪

（1）开机准备

① 先确认仪器和电脑的电源开关均已连接好（一般均已接通电源）。

② 打开气瓶氮气总阀，再将气体管路左侧阀门打开，见图3-104中红色矩形标注位置，阀门与管路平行为打开，与管路垂直即关闭。将淋洗液瓶上的压力表调到0.02 MPa（3 psi）左右。

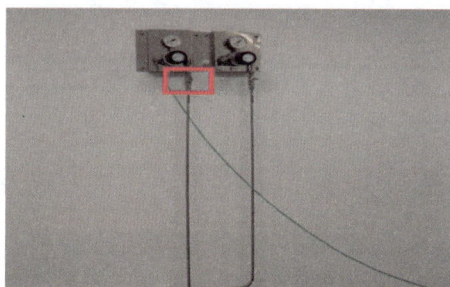

图3-104　氮气管路图

③ 依次打开仪器开关，即先开自动进样器开关（图3-105右下侧开关），再打开离子色谱仪主机的开关（图3-105左上侧开关）。

④ 开启电脑，点击桌面"变色龙"软件图标，出现离子色谱仪操作软件界面，见图3-106；点击其中"浏览器"图标，从"控制面板"文件夹中点击"ICS-2000面板"，运行测试主界面，见图3-107。

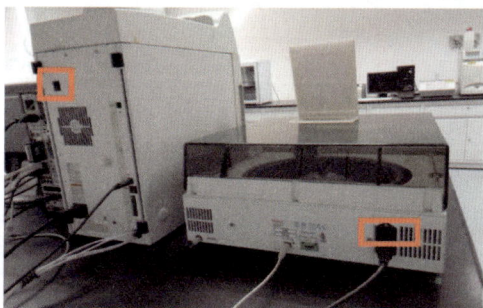

图3-105　自动进样器（右）和离子色谱仪主机背面图

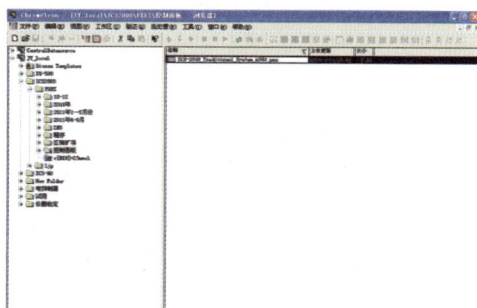

图3-106　离子色谱仪操作软件界面

⑤ 先打开主界面中泵的开关，再点击任务栏中的"启动"图标，将SRS电流设置为合适的数值（如设为50 mA），并将ICS-2000EGC-1的浓度设定为目标离子测定程序中的浓度，此时抑制器处于启动状态，出现的界面见图3-108（其中浓度开关和CR-TC开关均显示"on"，SRS模式也变为"on"）。然后，点击任务栏中的蓝色圆点，在弹出窗口中点击"确定"，开始采集基线，见图3-109。

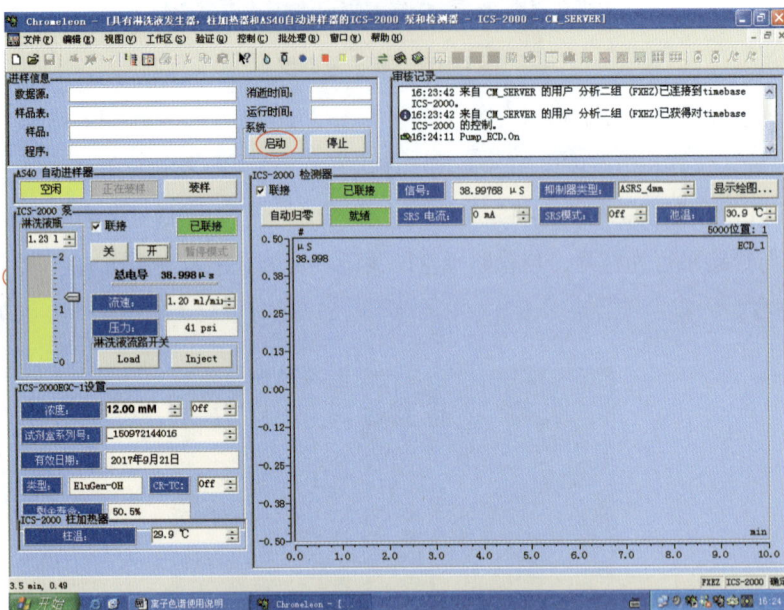

图3-107 运行测定程序主界面

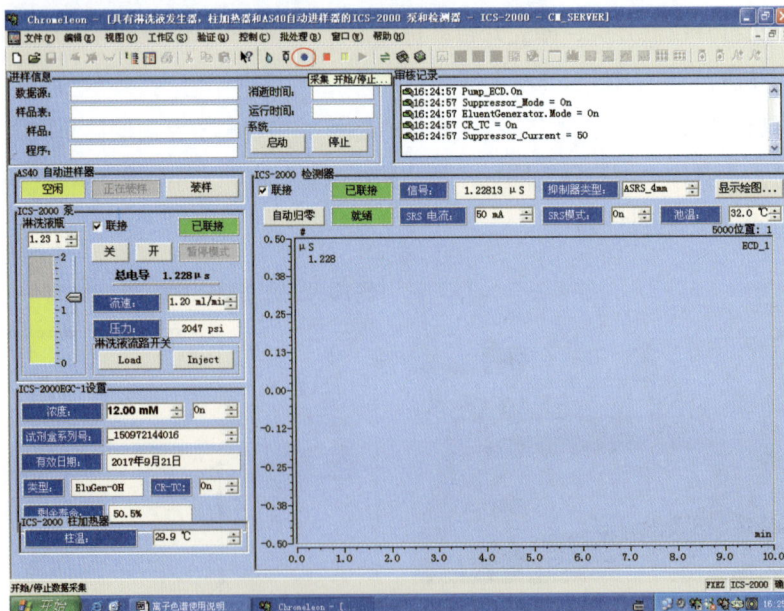

图3-108 抑制器启动后的界面

⑥ 待基线平稳，且总电导小于1.0 μS后，停止采集基线。停止采集基线的方法：再次点击图3-109中的蓝色小圆点，在弹出窗口（图3-110）中点击"是"，停止基线采集，出现界面见图3-111。

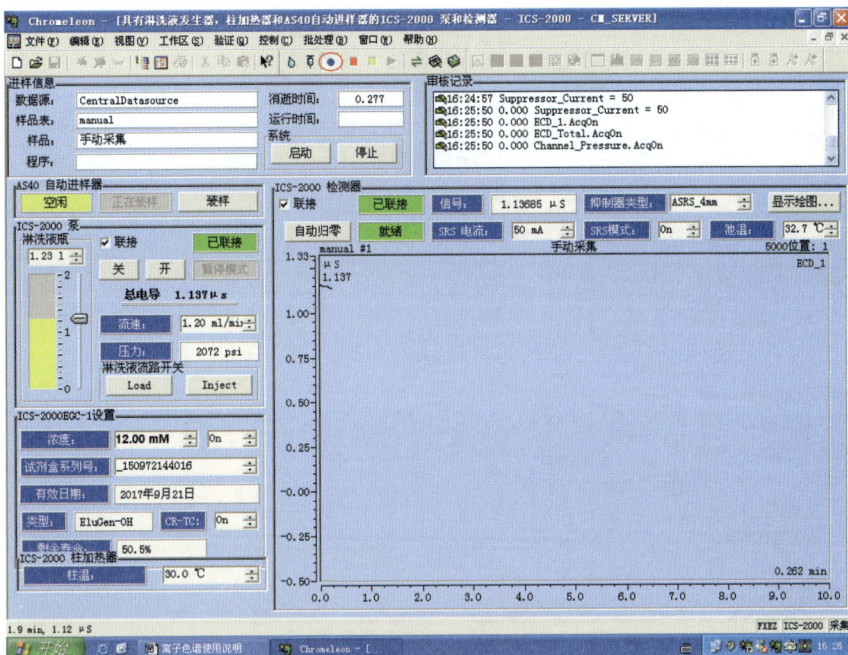

图3-109 采集基线界面

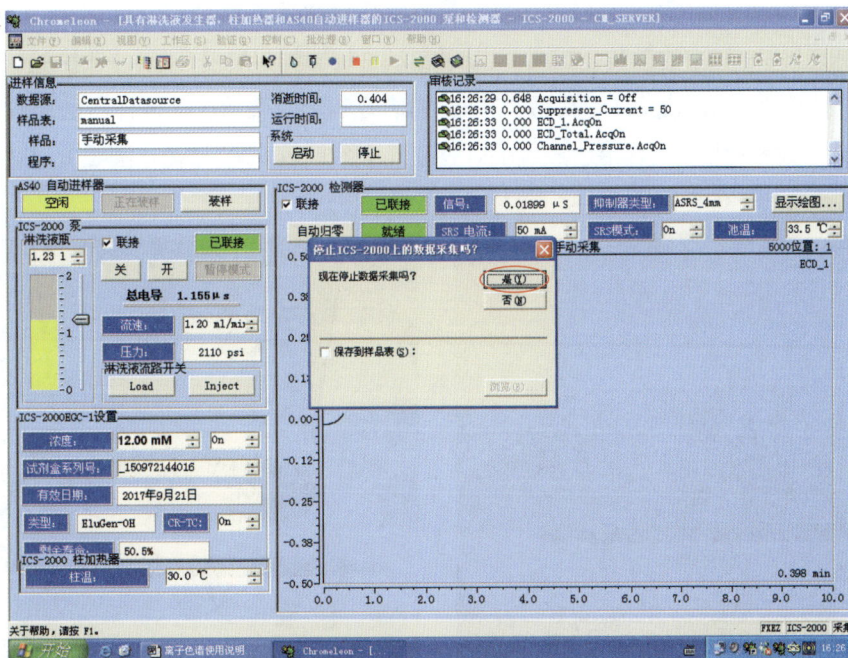

图3-110 停止采集基线窗口

⑦ 然后点击ICS-2000检测器中的"自动归零"按钮，将基线数值清零，此时即可启动测样程序。

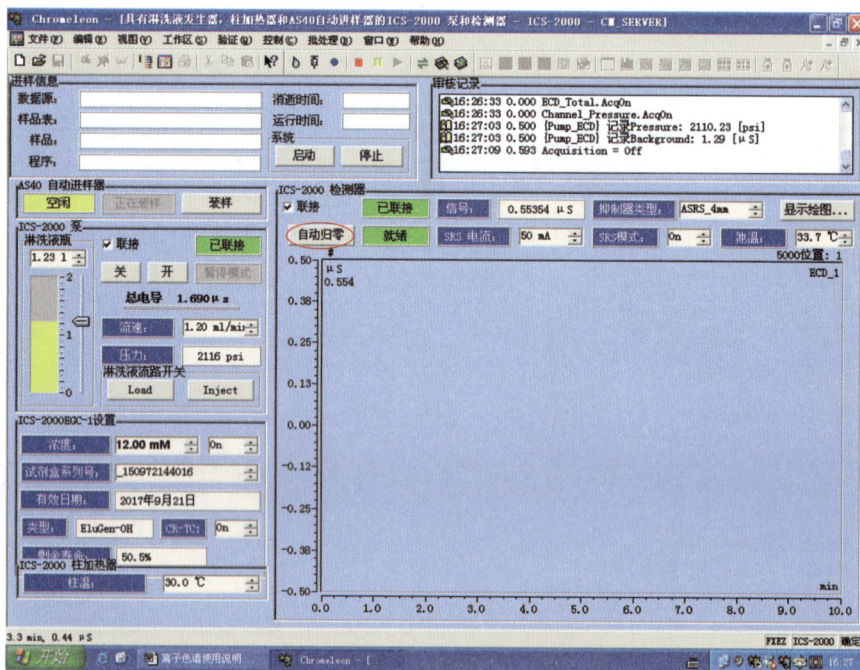

图3-111　停止采集基线后的界面

（2）放置样品

打开自动进样器（图3-112）顶盖，其指示灯自动亮起，见图3-113；按下样品架固定按钮（图3-114中的橘黄色圆圈），此时自动进样器针头缓慢升起，同时指示灯（图3-115中橘黄色圆圈）熄灭。待听到"咔"的声音响起，表示自动进样器已准备就绪。此时，转动样品管架，将样品管放置于对应位置（图3-116中的橘黄色圆圈）。然后，再

图3-112　自动进样器外观

图3-113　打开自动进样器顶盖，指示灯亮起

次按下样品架固定按钮，固定样品架，并关闭自动进样器盖子。待自动进样器指示灯亮起（图3-117），表示样品放置操作已完成。

图3-114 自动进样器样品架固定按钮

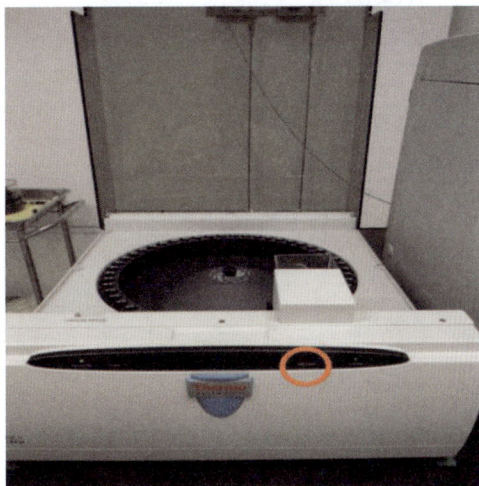

图3-115 按下样品架固定按钮，自动进样器指示灯熄灭

图3-116 样品管放置位置

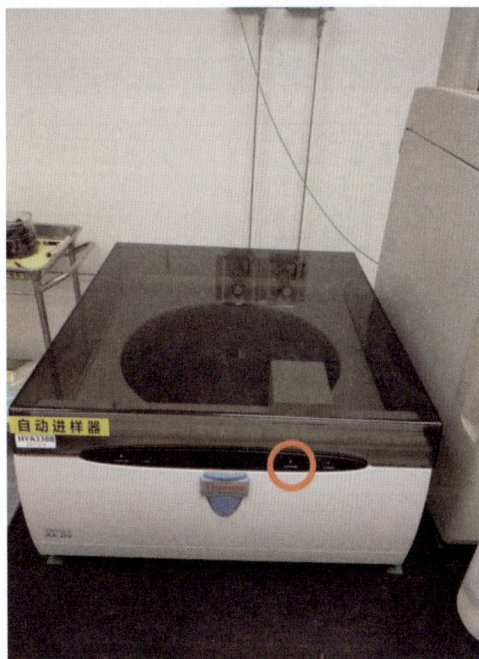

图3-117 样品放置操作完成，自动进样器指示灯熄灭

（3）编辑样品表

① 点击如图3-118所示的软件主界面中的"浏览器"图标，出现样品表编辑界面（图3-119），开始编辑样品表。

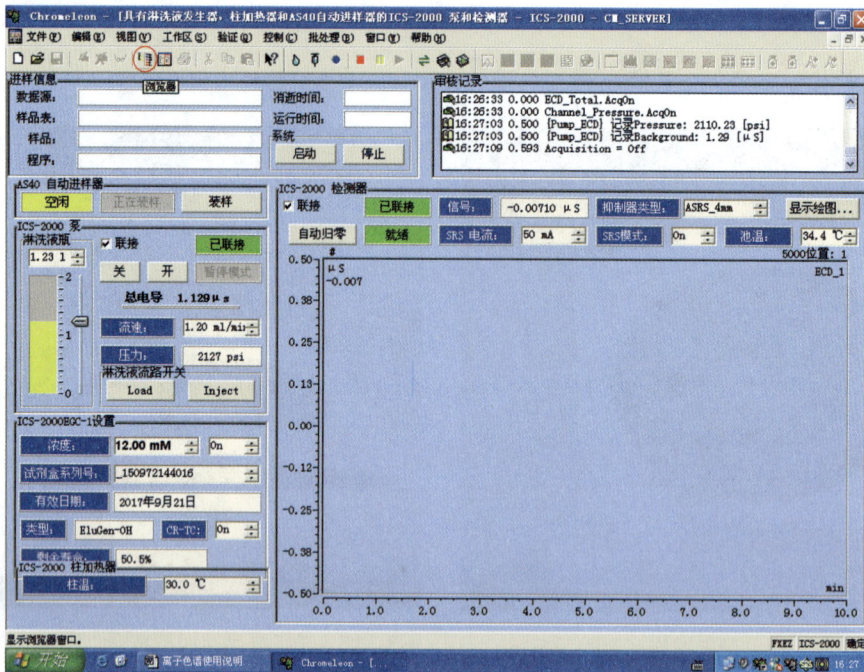

图3-118　软件主界面

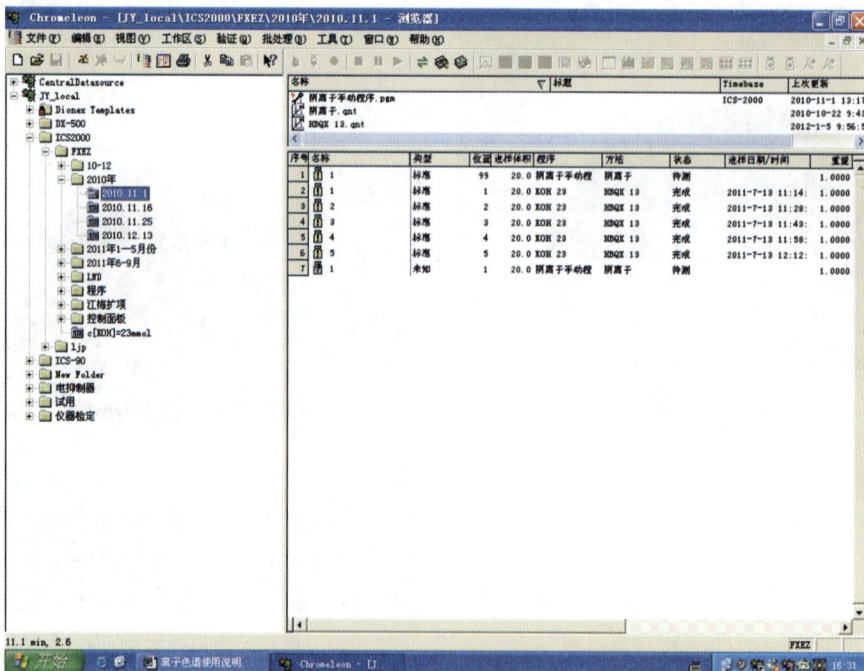

图3-119　样品表编辑界面

②　在样品编辑界面上，选中任一样品或者在空白处点击鼠标右键，在弹出窗口（图3-120）中选择"附加样品"，即可添加新的样品，见图3-121。

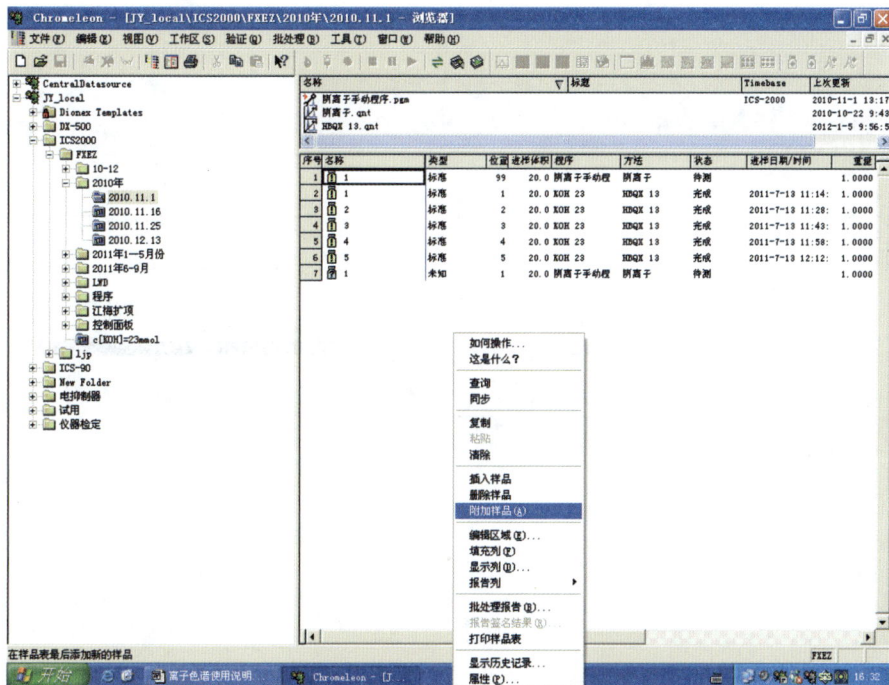

图3-120 添加样品窗口

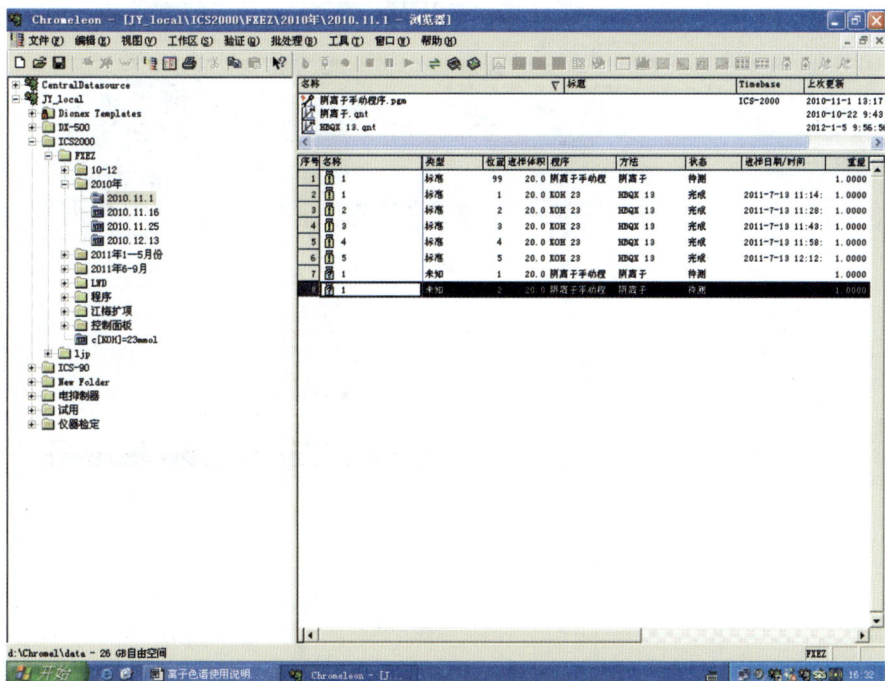

图3-121 添加新样品后的界面

③ 若要添加多个样品，可选中图3-121中新添加的行，按下键盘中的方向键"↓"，弹出如图3-122所示窗口，选择"是"，即可添加新的一行。此时，连续按下方向键

"↓"，即可添加多行，见图3-123。

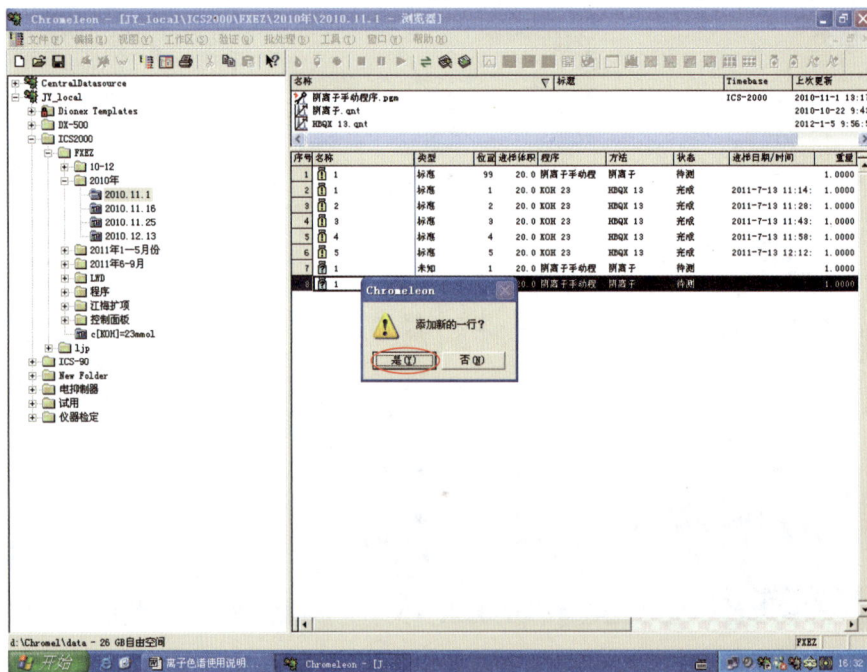

图3-122　添加行确认窗口

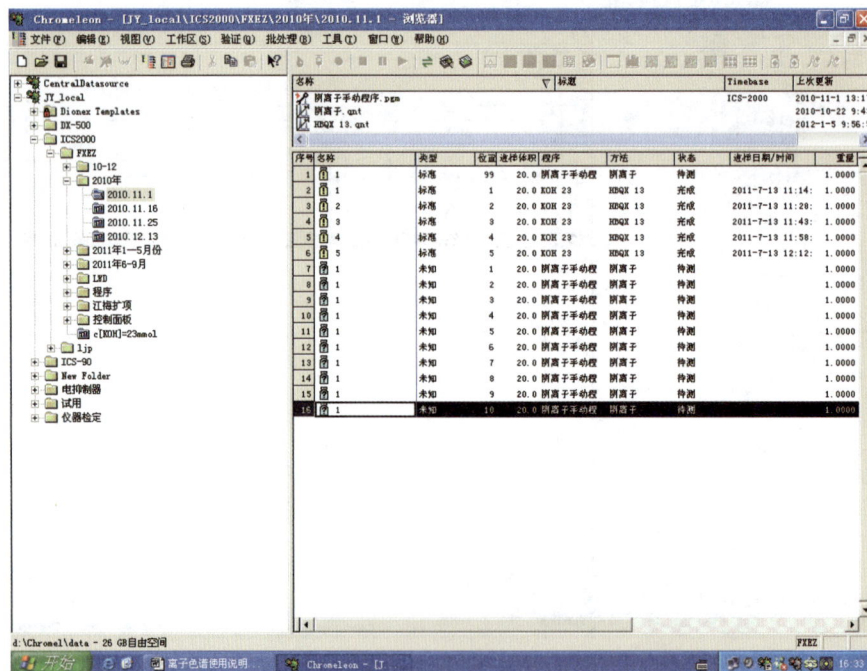

图3-123　添加多行后的界面

④　依次编辑样品表中的样品名称，如"空白""样品编号""质控"等，见图3-124。

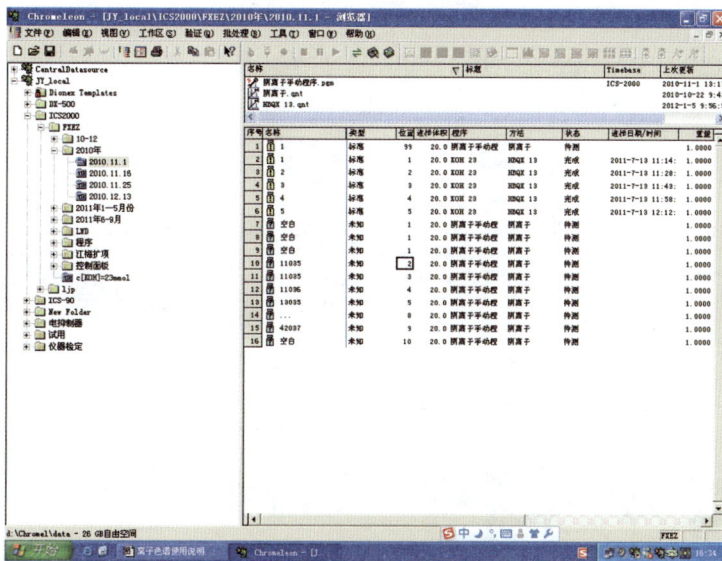

图3-124　编辑样品名称界面

⑤　修改样品表中样品"位置"，使其与自动进样器中样品管位置相对应。如将编号为2001的样品放置于自动进样器中2号位置，此时应将样品表中的"位置"改为"2"。按此方法，编辑所有样品的"位置"，与其放置位置一致。

⑥　待测样品全部信息修改完成后，点击任务栏中的"保存"按钮，保存样品表，见图3-125。再点击"关闭"按钮，关闭样品表，回到主界面。

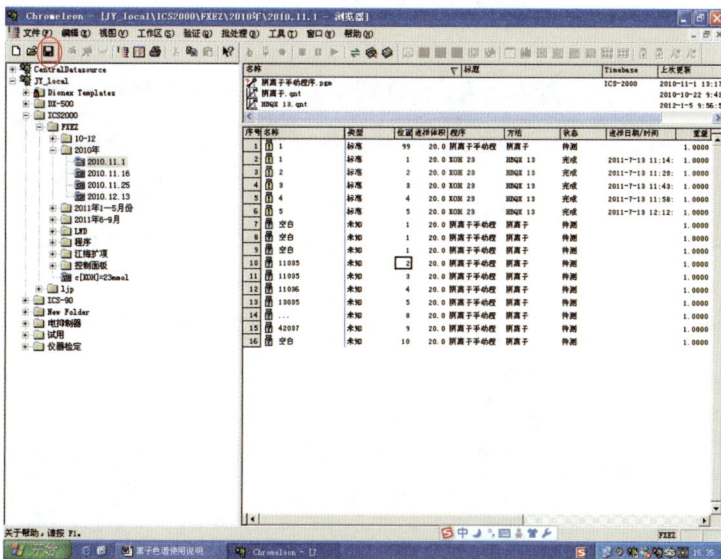

图3-125　保存已编辑的样品表

⑦ 点击主界面中的"编辑批处理"（图3-126），弹出批处理窗口，见图3-127。点击图3-127中的"添加"，弹出窗口，见图3-128。在如图3-128所示的窗口中选择已保存的"样品表"，如"2010.11.1"，点击"打开"，即可将待运行的样品表添加至批处理窗口，见图3-129。

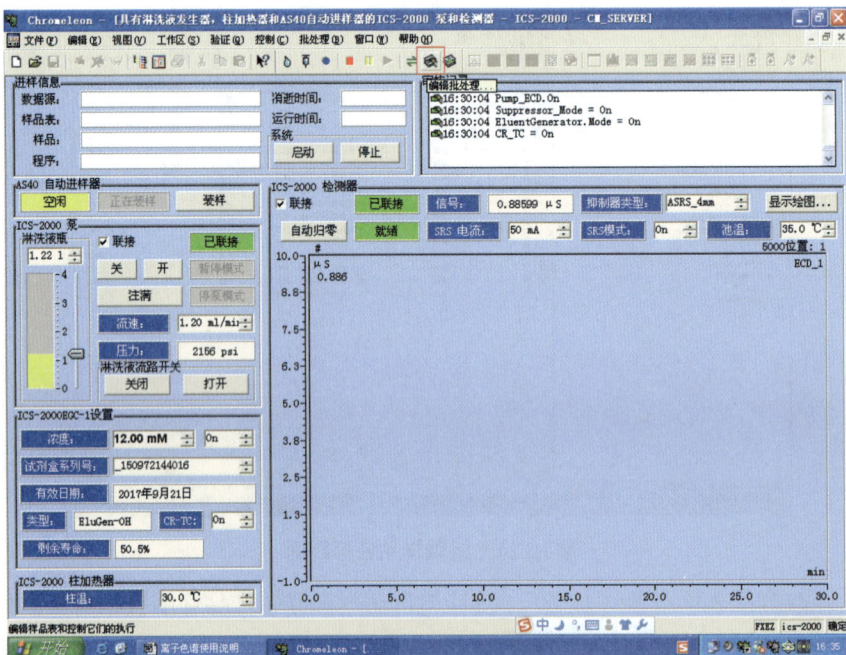

图3-126　主界面上的"编辑批处理"图标

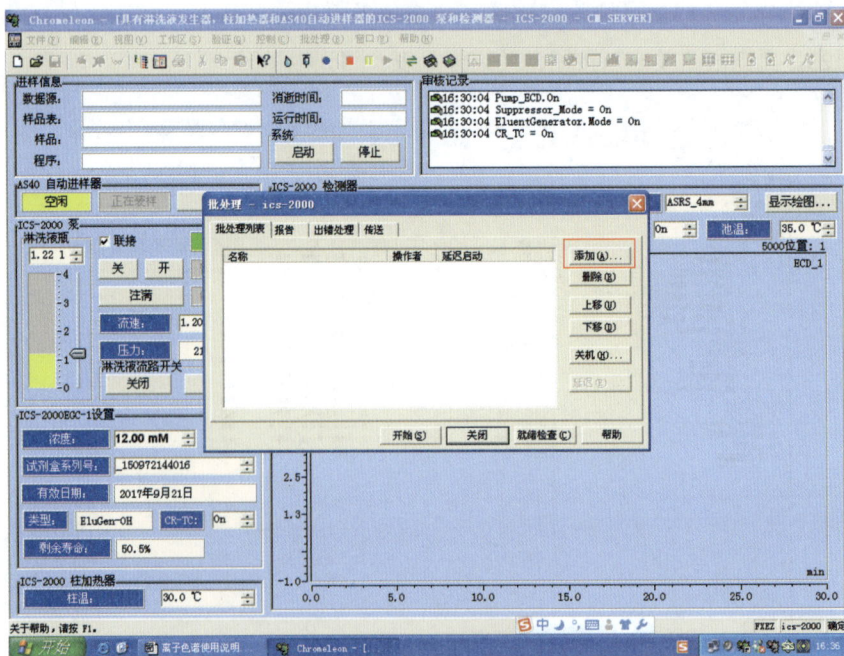

图3-127　批处理窗口

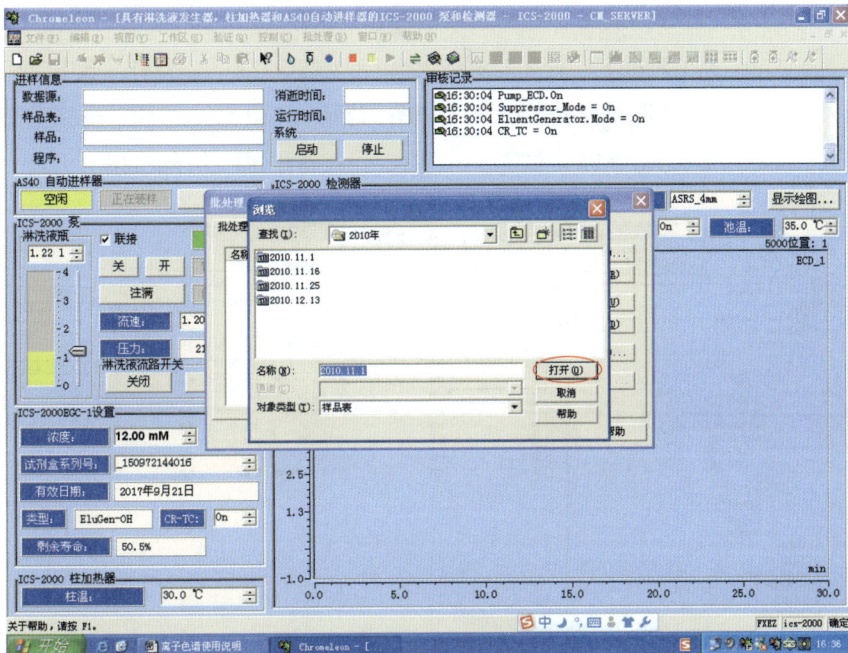

图3-128 选择样品表窗口

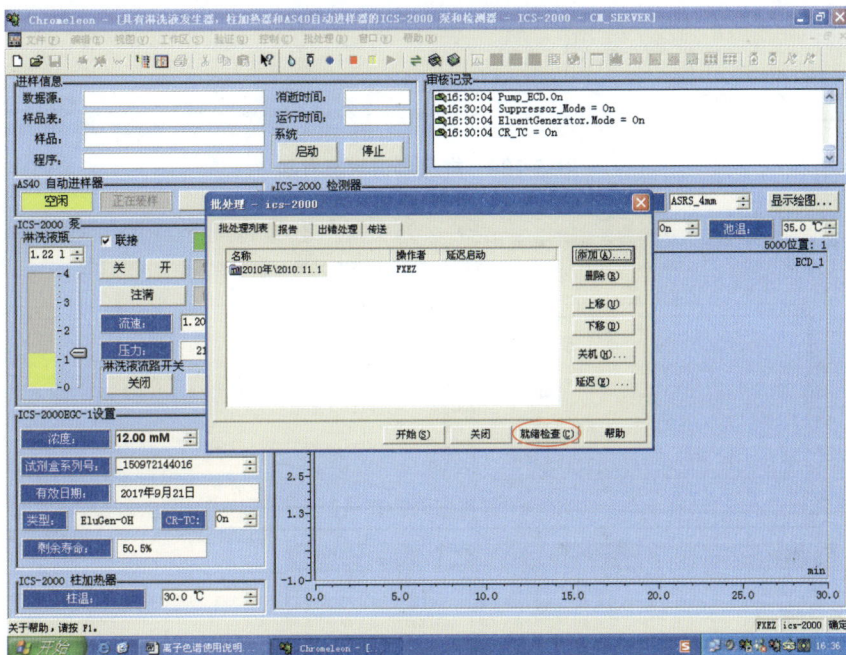

图3-129 样品表添加完的界面

⑧ 单击图3-129中的"就绪检查",检查样品表就绪情况。若弹出窗口显示"就绪检查成功",依次点击"确定""开始""关闭"按钮,关闭批处理报告,回到主界面,软件自动开始样品测定工作。

⑨ 在样品测定过程中或者全部待测样品测试结束后，点击"浏览器"图标，即可打开样品表界面，随时观察样品表中样品的测试状态，见如图3-130。观察样品表中"状态"一列，若显示"完成"，表明该样品已经测试完毕；若显示"待测"，表明该样品正在队列中等待测试。鼠标左键双击已完成测试的任一样品，可查看该样品的详细数据，见图3-131。

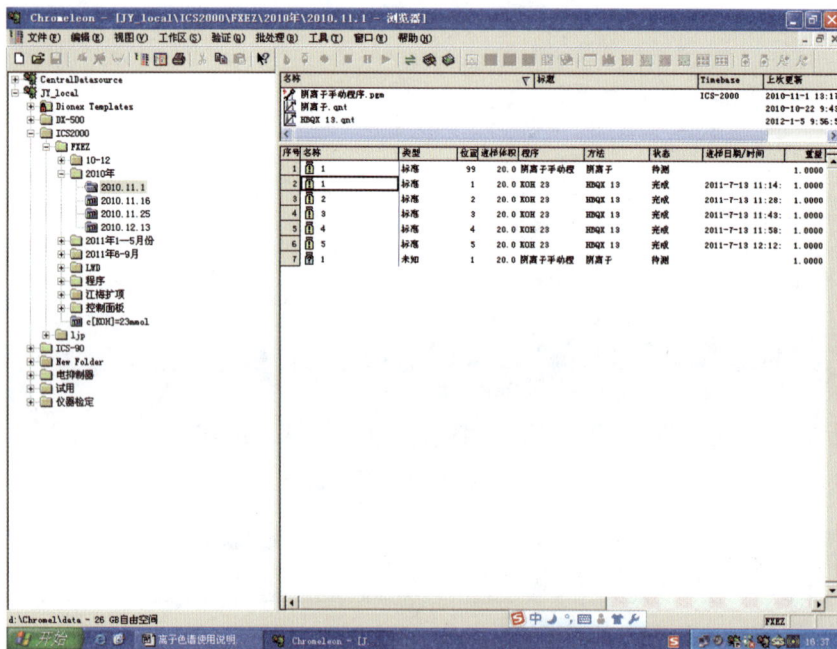

图3-130　样品测试状态界面

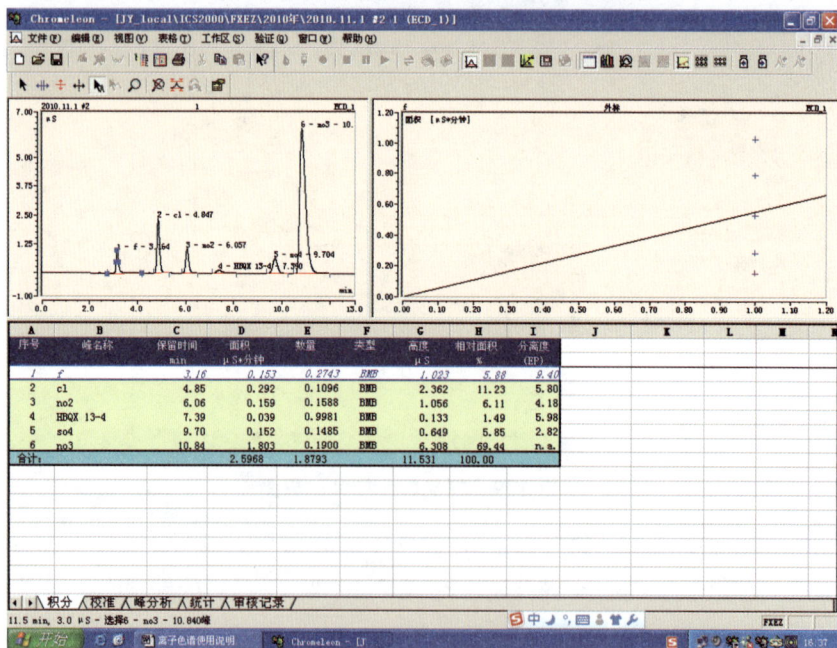

图3-131　样品测试结果界面

⑩ 在样品的测试结果界面中，可查看不同离子名称及其峰面积、浓度等信息。若要打印样品谱图，点击任务栏中的"打印"按钮，在如图3-132所示的弹出窗口中，点击"确定"即可打印该样品谱图。打印样品谱图完毕后，关闭"浏览器"页面，返回软件主界面。

⑪ 样品测试完成后，先点击主界面任务栏中的"停止"按钮，再点击ICS-2000泵的"关"按钮，让仪器停止运行，同时泵的压力开始下降，见图3-133。等到泵的"压力"降低到0.55 MPa（80 psi）以下，点击软件界面右上角的"关闭"按钮，关闭软件。然后依次关闭电脑、自动进样器、离子色谱仪主机，最后再关闭气体钢瓶总阀和气体管路阀门，完成全部测试步骤。

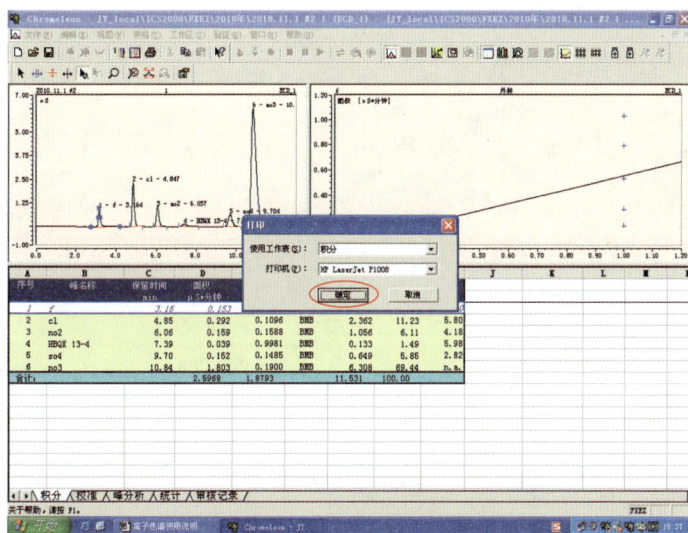

图3-132 打印样品谱图窗口

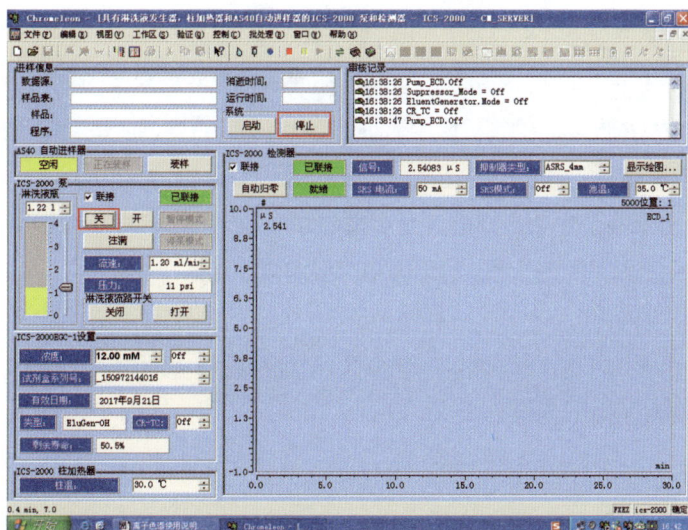

图3-133 仪器停止运行后的界面

六、结果计算

1．结果计算

样品中无机阴离子（F^-、Cl^-、NO_2^-、Br^-、NO_3^-、PO_4^{3-}、SO_3^{2-}、SO_4^{2-}）的质量浓度按照下式计算：

$$\rho = \frac{h-h_0-a}{b} \times f \tag{3-14}$$

式中：ρ—— 样品中阴离子的质量浓度，单位为mg/L；

　　　h—— 样品中阴离子的峰面积（或峰高）；

　　　h_0—— 实验室空白试样中阴离子的峰面积（或峰高）；

　　　a—— 回归方程的截距；

　　　b—— 回归方程的斜率；

　　　f—— 样品的稀释倍数。

2．结果表示

当样品含量小于1 mg/L时，结果保留至小数点后3位；当样品含量大于或等于1 mg/L时，结果保留3位有效数字。

七、质量控制要求

1．空白试验

每批次（小于等于20个）样品应至少做2个实验室空白试验，空白试验结果应低于方法检出限。否则，应查明原因，重新分析直至试验结果合格之后才能测定样品。

2．相关性检验

标准曲线的相关系数应大于等于0.995，否则，应重新绘制标准曲线。

3．连续校准

每批次（小于等于20个）样品应分析1个标准曲线中间点浓度的标准溶液，其测定结果与标准曲线该点浓度之间的相对误差应小于等于10%。否则，应重新绘制标准曲线。

4．精密度控制

每批次（小于等于20个）样品应至少测定10%的平行样，样品数量少于10个时，应至少测定1个平行样。平行样测定结果的相对偏差应小于等于10%。

5．准确度控制

每批次（小于等于20个）样品应至少做1个加标回收率测定，实际样品的加标回收率应控制在80%~120%。

八、干扰及消除方法

（1）样品中的某些疏水性化合物可能会影响色谱分离效果及色谱柱的使用寿命，可采用RP柱或C_{18}柱处理以消除或减少其影响。

（2）样品中的重金属和过渡金属会影响色谱柱的使用寿命，可采用H柱或Na柱处理以减少其影响。

（3）对保留时间相近的2种阴离子，当其浓度相差较大而影响低浓度离子的测定时，可通过稀释、调节流速、改变碳酸钠和碳酸氢钠浓度比例，或选用氢氧根淋洗等方式消除和减少干扰。

（4）当选用碳酸钠和碳酸氢钠淋洗液，水负峰干扰F^-的测定时，可在样品与标准溶液中分别加入适量等浓度和等体积的淋洗液，以减小水负峰对F^-的干扰。

九、操作注意事项

（1）若测定结果超出标准曲线范围，应将样品用实验用水稀释处理后重新测定。对于浓度较高的样品，可预先稀释 50~100 倍后再进样，然后根据所得结果选择适当的稀释倍数重新进样分析，同时记录样品稀释倍数f。

（2）自动进样器和离子色谱仪主机必须在启动电脑前开启，否则变色龙软件无法与离子色谱仪主机连接，将出现软件无法控制仪器的情况。若启动批处理时发现软件与机器无法连接，重启电脑即可解决该问题。

十、典型样品浓度和限值

水质无机阴离子测定典型样品浓度和限值见表3-12。

表3-12　典型样品常见无机阴离子的浓度和限值　　　　单位：mg/L

样品类型	F^-浓度	NO_3^-浓度	NO_2^-浓度	SO_4^{2-}浓度	各离子限值
再生水厂进水	0~1	0~5	0~1	60~200	
再生水厂出水	0~1	5~15	0~1	60~200	F^-＜1.5

注：氯离子含量见第三章第七节。

十一、原始记录填写范例

水质无机阴离子测定（离子色谱法）的原始记录填写范例见图3-134。

编号：QR/PF10-HYS06-2017

检测当天日期

检测实验室编号

水质无机阴离子检测原始记录

检测日期：2018 年 9 月 12 日　　**实验室温湿度读数**　　检测地点：106室

环境温湿度：22 ℃　　45 %RH　　样品类型：☑废水 □地表水 □其他　　**检测水样类型**

方法依据：水质 无机阴离子（F^-、Cl^-、NO_2^-、Br^-、NO_3^-、PO_4^{3-}、SO_3^{2-}、SO_4^{2-}的测定 离子色谱法 HJ 84—2016

曲线方程 $y=bx+a$	项目：F^-	$b=0.495$，$a=0.060$，$r=0.9995$	有效期：2018-08-14—2018-10-13
	项目：SO_4^{2-}	$b=0.231$，$a=-0.005$，$r=0.9995$	有效期：2018-08-14—2018-10-13

计算公式：　$\rho=\dfrac{h-h_0-a}{b}\times f$　　**填写曲线信息**

主要仪器设备	仪器型号：ICS-2000　计量编号：HYA3201　有效期至 2019 年 3 月 9 日
	色谱柱型号：AS18　淋洗液：KOH　流速：1.00 mL/min
	淋洗液浓度：23.0 mmol

主要实验过程：样品经0.45 μm滤膜过滤后进样，高浓度样品进行稀释后进样　　**填写仪器信息**

填写测定离子

样品编码	F^-			SO_4^{2-}			备注
	稀释倍数f	峰面积h	结果ρ/（mg/L）	稀释倍数f	峰面积h	结果ρ/（mg/L）	
空白	1	0.000		1	0.000		
空白	1	0.000		1	0.000		
平均值		0.000			0.000		
1105474	1	0.319	0.524				0.50±0.05
1107624				1	19.5	84.3	80±8
180912A11035	1	0.112	0.106	1	23.8	103	
180912A11035	1	0.113	0.107	1	23.8	103	
平均值						103	

填写质控

填写样品编号　　**填写稀释倍数、峰面积**　　**填写结果**　　**以下空白**　　**需盖"以下空白"章**　　**填写质控范围**

分析：XXX　　　　校核：123　　　　序号：N-1

分析人员签字　　**校核人员签字，与分析人员不能是同一人**　　**总页数，第几页**

图3-134　水质无机阴离子测定的原始记录填写范例

（注：该范例为资质认定实验室所用原始记录填写要求，各实验室可以根据需要进行修改。）

第十一节　水质阴离子表面活性剂的测定

一、检测方法介绍

阴离子表面活性剂是普通合成洗涤剂的主要活性成分，使用最广泛的阴离子表面活性剂是直链烷基苯磺酸钠（LAS）。本节所述方法采用LAS作为标准物，其烷基碳链在$C_{10} \sim C_{13}$，平均碳原子数为12，平均分子量为344.4。

水质阴离子表面活性剂的测定方法有亚甲蓝分光光度计法、流动注射法等。本节内容只针对标准《水质 阴离子表面活性剂的测定 亚甲蓝分光光度法》（GB/T 7494—1987）进行解读。

二、适用范围

本方法适用于饮用水、地表水、生活污水和工业废水中的低浓度的亚甲蓝活性物质（MBAS）的测定。在本实验条件下，主要被测物是LAS、烷基磺酸钠和脂肪醇硫酸钠，但也存在一些干扰物质（详见本节第八部分）。

当采用10.0 mm光程的比色皿，试样体积为100 mL时，本方法的最低检出浓度为0.05 mg/L，检出上限为2.0 mg/L。

三、试剂及材料

1．实验用水

本实验用水为蒸馏水，或与蒸馏水具有同等纯度的水。

2．氢氧化钠（浓度为1 mol/L）

3．硫酸（浓度为0.5 mol/L）

4．氯仿

5．亚甲蓝溶液

先称取50 g一水磷酸二氢钠溶于300 mL水中，转移到1 000 mL容量瓶内，缓慢加入6.8 mL密度为1.84g/mL浓硫酸，摇匀。另称取30 mg亚甲蓝，用50 mL水溶解后也移入容量瓶，用水稀释至标线，摇匀。此溶液贮存于棕色试剂瓶中。

6．直链烷基苯磺酸钠贮备溶液（浓度为1.00 mg/mL）

称取0.100 g标准物LAS（平均分子量为344.4），准确至0.001g，溶于50 mL水中，转移到100 mL容量瓶中，稀释至标线并混匀。溶液中LAS含量为1.00 mg/L，并保存于4 ℃冰箱中，每周配制1次。

7．直链烷基苯磺酸钠标准溶液（浓度为10.0 μg /mL）

准确吸取10.00 mL直链烷基苯磺酸钠贮备溶液，用蒸馏水稀释并定容至1 000 mL，混匀。每毫升该溶液含有10.0 μg LAS，该溶液应当天使用当天配制。

8．玻璃棉或脱脂棉

玻璃棉或脱脂棉需在索氏提取器中经氯仿提取4 h后，取出干燥，保存在清洁的玻璃瓶中待用。

9．酚酞指示剂溶液

将1.0 g酚酞溶于50 mL乙醇中，然后边搅拌边加入500 mL水，过滤除去形成的沉淀，即可得到酚酞指示剂溶液。

10．洗涤液

称取50 g一水磷酸二氢钠溶于300 mL水中，转移到1 000 mL容量瓶中，缓慢加入6.8 mL浓硫酸（密度为1.84 g/mL），用水稀释至标线。

四、主要实验器具及仪器

1．分光光度计

本实验用分光光度计能在652 nm进行测量，配有5 mm、10 mm、20 mm比色皿。

2．分液漏斗

本实验用分液漏斗规格为250 mL，且带聚四氟乙烯活塞。

3．索氏提取器

索氏提取器又称脂肪抽取器或脂肪抽出器，须由提取瓶、提取管、冷凝器三部分组成。提取管两侧分别有虹吸管和连接管，安装时须保证各部分连接处密封性良好，不能漏气。索氏提取器利用溶剂回流和虹吸原理，实现连续不断地从固体物质中萃取化合物的目的。本实验用索氏提取器应带有150 mL平底烧瓶。

五、操作步骤

本小节内容概括了水质阴离子表面活性剂的测定方法，并对其中关键步骤作配图说明，以下是详细的操作步骤：

（1）将所取试样移至分液漏斗（图3-135），每批试样要做1个空白及质控样品。

（2）在分液漏斗中加入25 mL亚甲蓝溶液，再加入30 mL氯仿，激烈摇动30 s进行萃取操作，摇动过程中注意放气。充分摇匀后，静置分层。萃取过程见图3-136。

（3）另取锥形瓶，加入50 mL的洗涤液，将前一步中的氯仿层放入其中，剧烈振荡30 s，静置分层，见图3-137。

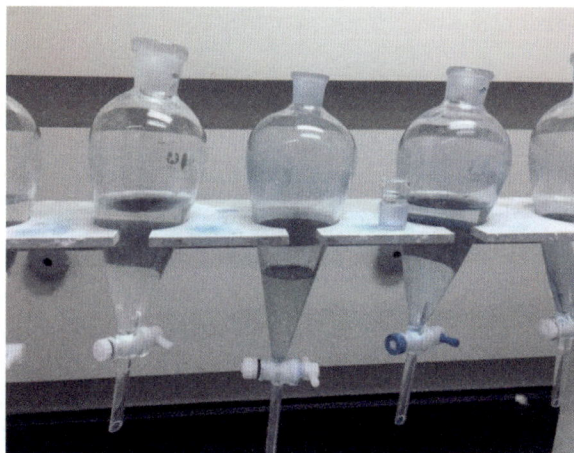

图3-135　将试样移至分液漏斗

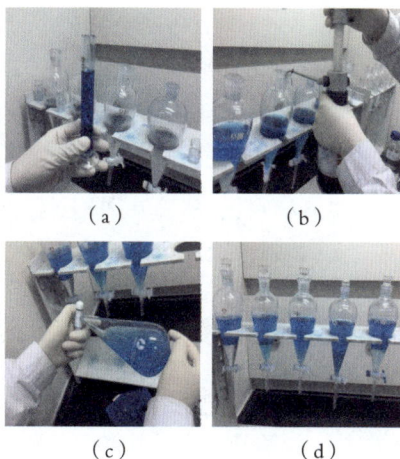

（a）　　　　　　（b）

（c）　　　　　　（d）

图3-136　萃取操作

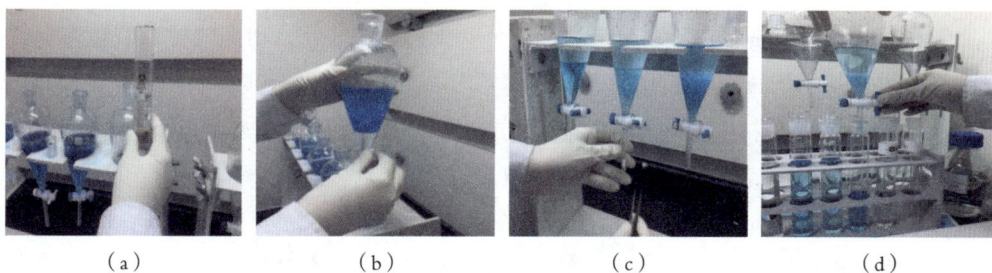

（a）　　　　（b）　　　　（c）　　　　（d）

图3-137　分离操作

（4）将氯仿层通过玻璃棉或者脱脂棉，放至50 mL比色管中。再加入10 mL氯仿于分液漏斗中，重复萃取剩余液（即分液漏斗上层相）2次，最后用氯仿定容比色管中液体至刻度线，然后测试其吸光度。

六、结果计算

样品中阴离子表面活性剂浓度按下式计算：

$$c = \frac{m}{V}$$

（3-15）

式中：c ——水样中亚甲蓝活性物的浓度，单位为mg/L；

　　　m ——从标准曲线上读取的表观LAS质量，单位为μg；

　　　V ——试样体积，单位为mL。

计算结果以3位小数表示。

七、质量控制要求

1. 空白试验

用100 mL蒸馏水代替试样进行空白试验。在实验条件下，每10 mm光程长，空白试验的吸光度不应超过0.02，否则应仔细检查设备和试剂是否受到污染。

2．精密度和准确度

8个实验室采用本方法分析含LAS 0.305 mg/L的统一分发的标准溶液的结果如下：

（1）重复性：实验室内相对偏差为2.3%。

（2）再现性：实验室间相对标准偏差为4.3%。

（3）准确度：相对误差为−2.0%。

八、干扰及消除方法

（1）主要被测物以外的其他有机的硫酸盐、磺酸盐、羧酸盐、酚类，以及无机的硫氰酸盐、氰酸盐、硝酸盐和氯化物等，它们或多或少地与亚甲蓝作用，生成可溶于氯仿的蓝色络合物，致使测定结果偏高。通过水溶液反洗可消除这些正干扰（有机硫酸盐、磺酸盐除外），其中氯化物和硝酸盐的干扰大部分被去除。

（2）经水溶液反洗仍未除去的非表面活性物引起的正干扰，可用气提萃取法将阴离子表面活性剂从水相转移到有机相而加以消除。

（3）一般存在于未经处理或经一级处理的污水中的硫化物能与亚甲蓝反应，生成无色还原物而消耗亚甲蓝试剂。可将试剂调至碱性，滴加适量过氧化氢，避免其干扰。

（4）存在季铵类化合物等阳离子物质和蛋白质时，阴离子表面活性剂将与其作用，生成稳定的络合物，而不与亚甲蓝反应，使测定结果偏低。这些阳离子类干扰物可采用阳离子交换树脂（在适当条件下）去除。

九、操作注意事项

（1）用于阴离子洗涤剂测定实验的玻璃器皿不能用各类洗涤剂清洗。

（2）标准样品和水样的测定，应使用同一批三氯甲烷、亚甲蓝溶液和洗涤液。

（3）分液漏斗活塞不能用油脂润滑。

（4）过分剧烈振摇可使干扰物和亚甲蓝作用，形成络合物，进入三氯甲烷层产生更多干扰。因此，应采用徐徐振摇分液漏斗的方法。

（5）溶液的显色时间放置不宜过长，否则会褪色，影响测定结果。

十、典型样品浓度和限值

水质阴离子表面活性剂测定典型样品浓度和限值见表3-13。

表3-13　典型样品中阴离子表面活性剂的浓度和限值　　　　单位：mg/L

样品类型	阴离子表面活性剂的浓度	阴离子表面活性剂的限值
再生水厂进水	2~8	
再生水厂出水	<0.5	0.5

十一、原始记录填写范例

水质阴离子表面活性剂测定的原始记录填写范例见图3-138。

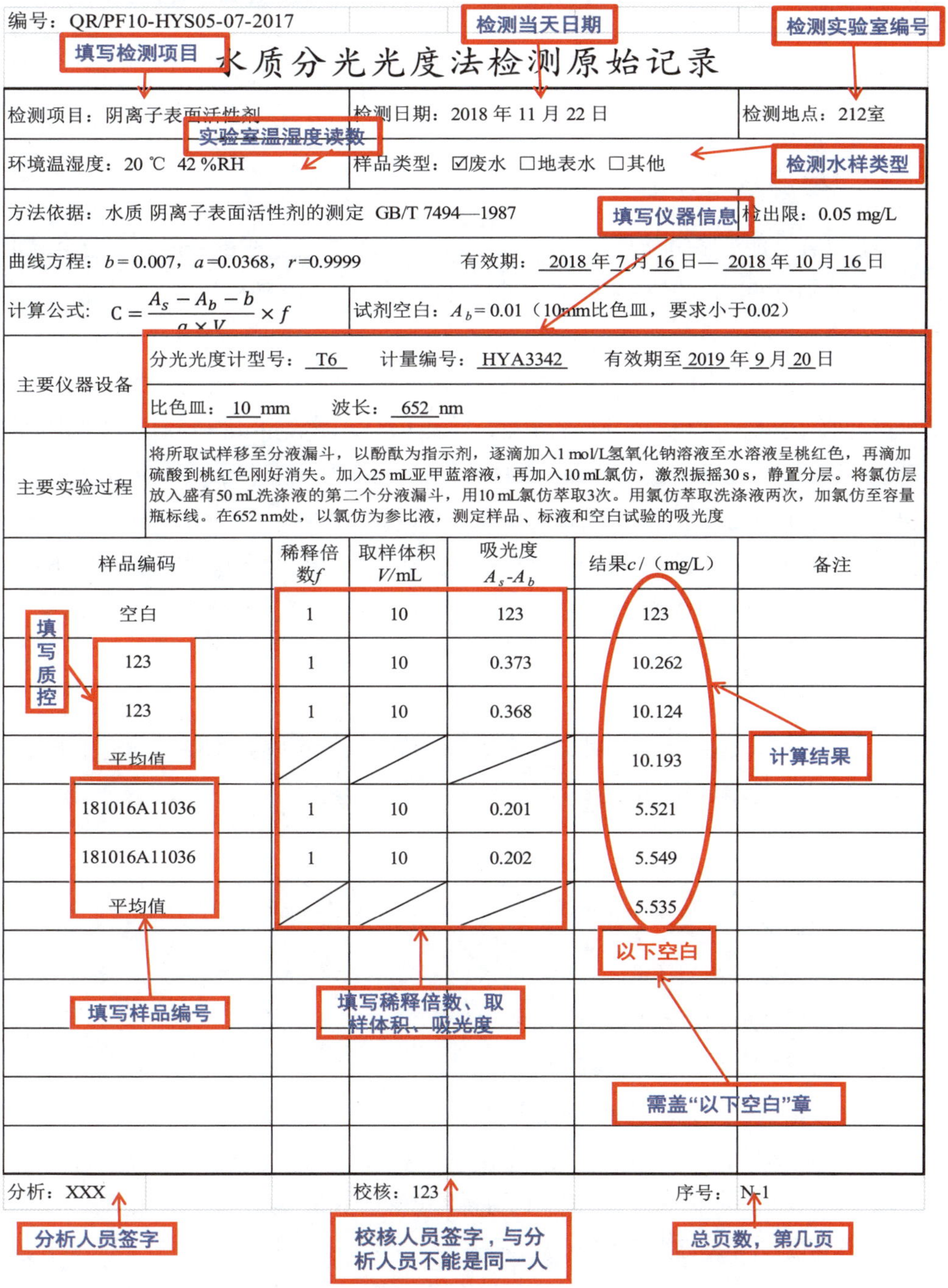

编号：QR/PF10-HYS05-07-2017　　　　　　检测当天日期　　　　　　检测实验室编号

填写检测项目

水质分光光度法检测原始记录

检测项目：阴离子表面活性剂　　　检测日期：2018 年 11 月 22 日　　　　检测地点：212室

实验室温湿度读数

环境温湿度：20 ℃ 42 %RH　　　样品类型：☑废水 □地表水 □其他　　　检测水样类型

方法依据：水质 阴离子表面活性剂的测定 GB/T 7494—1987　　填写仪器信息　检出限：0.05 mg/L

曲线方程：$b = 0.007$，$a = 0.0368$，$r = 0.9999$　　　有效期： 2018 年 7 月 16 日—— 2018 年 10 月 16 日

计算公式：$C = \dfrac{A_s - A_b - b}{a \times V} \times f$　　试剂空白：$A_b = 0.01$（10mm比色皿，要求小于0.02）

主要仪器设备	分光光度计型号： T6　　计量编号： HYA3342　　有效期至 2019 年 9 月 20 日 比色皿： 10 mm　　波长： 652 nm
主要实验过程	将所取试样移至分液漏斗，以酚酞为指示剂，逐滴加入1 mol/L氢氧化钠溶液至水溶液呈桃红色，再滴加硫酸到桃红色刚好消失。加入25 mL亚甲蓝溶液，再加入10 mL氯仿，激烈振摇30 s，静置分层。将氯仿层放入盛有50 mL洗涤液的第二个分液漏斗，用10 mL氯仿萃取3次。用氯仿萃取洗涤液两次，加氯仿至容量瓶标线。在652 nm处，以氯仿为参比液，测定样品、标液和空白试验的吸光度

样品编码	稀释倍数 f	取样体积 V/mL	吸光度 $A_s - A_b$	结果 c/（mg/L）	备注
空白	1	10	123	123	
123	1	10	0.373	10.262	
123	1	10	0.368	10.124	
平均值				10.193	
181016A11036	1	10	0.201	5.521	
181016A11036	1	10	0.202	5.549	
平均值				5.535	

填写质控　　　计算结果　　　以下空白

填写样品编号　　　填写稀释倍数、取样体积、吸光度　　　需盖"以下空白"章

分析：XXX　　　　　　校核：123　　　　　　序号：N-1

分析人员签字　　　校核人员签字，与分析人员不能是同一人　　　总页数，第几页

图3-138　水质阴离子表面活性剂测定的原始记录填写范例

（注：该范例为资质认定实验室所用原始记录填写要求，各实验室可以根据需要进行修改。）

第十二节 水质总碱度和酚酞碱度的测定

一、检测方法介绍

碱度（A）是指水中能与氢离子发生反应的物质总量。酚酞碱度，即复合碱度（A_p），是指通过滴定以酚酞为指示剂的滴定终点（pH=8.3），随机测定水中全部氢氧化物和二分之一碳酸盐浓度。

采用指示剂法或电位滴定法，用盐酸标准溶液滴定水样。当终点为pH=8.3时，可认为碱度近似等于碳酸盐和二氧化碳的浓度，并表示水样中存在的几乎所有的氢氧化物和二分之一碳酸盐浓度已被滴定。当终点pH=4.5时，可认为碱度近似等于氢离子和碳酸氢根离子的等当点，可用于测定水样的总碱度。

水质总碱度和酚酞碱度的测定方法一般采用电位滴定法，本节内容只针对标准《工业循环冷却水 总碱及酚酞碱度的测定》（GB/T 15451—2006）进行解读。

二、适用范围

本方法适用于工业循环冷却水中碱度在0~20 mmol/L范围内的测定，也适用于天然水和废水中碱度的测定。

三、试剂及材料

1．实验用水

本实验用水为三级且不含二氧化碳的水。

2．盐酸标准滴定溶液（浓度约0.1 mol/L）

3．盐酸标准滴定溶液（浓度约0.05 mol/L）

4．酚酞指示液（浓度为5 g/L的乙醇溶液）

酚酞指示液即酚酞浓度为5 g/L的乙醇溶液。称取0.5 g酚酞，溶于浓度为95%的乙醇，再用浓度为95%的乙醇稀释至100 mL，即可得到酚酞指示液。

5．溴甲酚绿-甲基红指示液

先称取0.1 g溴甲酚绿，溶于浓度为95%的乙醇，然后用浓度为95%的乙醇稀释至100 mL，得到溴甲酚绿溶液；再称取0.2 g甲基红，溶于浓度为95%的乙醇，然后用浓度为95%的乙醇稀释至100 mL，得到甲基红溶液。最后，取30 mL溴甲酚绿溶液与10 mL甲基红溶液混合，混匀，即可得到溴甲酚绿–甲基红指示液。

四、主要实验器具及仪器

1．滴定管
本实验用滴定管规格为25 mL。

2．pH计
本实验用pH计应配有玻璃电极和饱和甘汞电极，精度为0.02 pH单位。

五、操作步骤

本小节内容概括了水质总碱度和酚酞碱度的测定方法——电位滴定法的操作步骤，当样品有颜色并会干扰终点测定时，可采用此法。以下是电位滴定法的详细操作步骤：

1．酚酞碱度（复合碱度）的测定

（1）移取100 mL经充分摇匀的样品于烧杯中，见图3–139。

（2）将盛有水样的烧杯放置于磁力搅拌器上，放入搅拌子，并将pH计浸入样品中，开始搅拌，测定样品的pH，见图3–140。注意：如果测得的值小于8.3，则将酚酞碱度记为0。

图3-139　取样

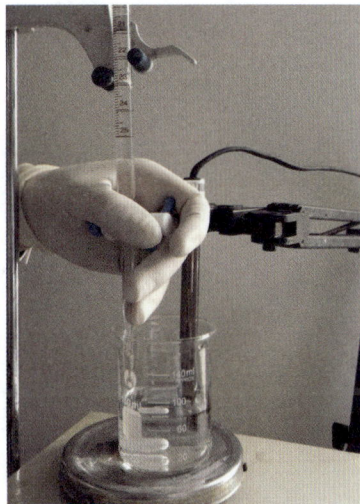

图3-140　测定水样的pH

（3）选用合适的盐酸标准滴定溶液滴定样品，记录消耗的盐酸标准滴定溶液的体积。若碱度范围为4~20 mmol/L，使用0.1 mol/L的盐酸标准滴定溶液；若碱度范围为0.4~4 mmol/L，则用0.05 mol/L的盐酸标准滴定溶液。保留溶液用于总碱度的测定。

2．总碱度的测定

选取合适的盐酸标准溶液继续滴定，直至样品的pH为4.5±0.05，记录pH由8.3（起始点）到4.5（滴定终点）所消耗的盐酸标准滴定溶液的总体积。

六、结果计算

1. 酚酞碱度（复合碱度）的计算

酚酞碱度按下式计算：

$$A_p = \frac{V_1 \times c \times 1\,000}{V_0} \qquad (3\text{-}16)$$

式中：A_p——样品的酚酞碱度，单位为mmol/L；

V_1——滴定至pH=8.3时消耗的盐酸标准滴定溶液的体积，单位为mL；

c——盐酸标准滴定溶液的准确浓度的数值，单位为mol/L；

V_0——试样的体积，单位为mL。

2. 总碱度的计算

总碱度按下式计算：

$$A_T = \frac{V_2 \times c \times 1\,000}{V_0} \qquad (3\text{-}17)$$

式中：A_T——试样的总碱度，单位为mmol/L；

V_2——滴定至pH=4.5时消耗的盐酸标准滴定溶液的体积，单位为mL；

c——盐酸标准滴定溶液的准确浓度，单位为mol/L；

V_0——试样的体积，单位为mL。

七、质量控制要求

取平行测定结果的算术平均值为测定结果。平行测定结果的绝对差值不大于0.02 mmol/L。

八、操作注意事项

滴定时，应放慢滴定速度，采用较长的时间间隔，这是由于达到平衡时，突跃点pH变化明显。

九、典型样品浓度和限值

水质总碱度测定典型样品浓度见表3-14。

表3-14　典型样品总碱度的浓度范围　　　　　　　　　　　　单位：mg/L

样品类型	总碱度的浓度范围
再生水厂进水	200~500
再生水厂出水	100~300

十、原始记录填写范例

水质总碱度测定的原始记录填写范例见图3-141。水质酚酞碱度的原始记录除操作步骤外，其余部分均与总碱度相同，此处不再配图说明。

编号：QR/PF10-HYS12-2017

填写检测项目 | **检测当天日期** | **检测实验室编号** | **实验室温湿度读数**

水质滴定法检测原始记录

| 检测项目：总碱度 | 日期：2019年11月27日 | 检测地点：216室 | 环境温湿度：20 ℃　　42%RH |

方法依据：工业循环冷却水 总碱及酚酞碱度的测定 GB/T 15451—2006　样品类型：☑废水 □地表水 □其他　**检测水样类型**

主要设备：☑滴定管 20 mL □电子滴定器　计量编号：HYC3004　有效期至：2020年2月11日
pH计 型号：ORION STARA211　计量编号：HYC3430　有效期至：2020年2月11日

主要步骤：移取一定量试样于烧杯中，放置于电磁搅拌器上，选用合适的盐酸标准滴定溶液滴定试样，从滴定至pH为8.3的测定酚酞碱度保留的试样直至pH读数为4.5±0.05，记录消耗的盐酸标准滴定溶液总体积

填写仪器信息 | **填写标准溶液浓度**

计算公式：$$A_T = \frac{C \times V_{耗} \times 1000}{V_0} \times 50.05 \times f$$

盐酸标准溶液浓度 C=0.0516 mol/L

填写质控 | **填写样品编号** | **填写取样体积、稀释倍数、滴定量** | **计算结果** | **以下空白** | **需盖"以下空白"章**

样品编码	稀释倍数 f	取样量 V_0/mL	滴定量/mL $V_{始}$	滴定量/mL $V_{终}$	滴定量/mL $V_{耗}$	结果 A_T /（mg/L）	备注
空白	1	5	0	123	123	123	
123456	1	5	0	123	123	123	
123456	1	5	0	123	123	123	
平均值						123	
181023A13613	1	5	0	3.16	3.16	1.63	
181023A13613	1	5	0	3.17	3.17	1.64	
平均值						1.64	

分析：XXX　　　　校核：123　　　　序号：N-1

分析人员签字 | **校核人员签字，与分析人员不能是同一人** | **总页数，第几页**

图3-141　水质总碱度测定的原始记录填写范例

（注：该范例为资质认定实验室所用原始记录填写要求，各实验室可以根据需要进行修改。）

第十三节　水质粪大肠菌群的测定

一、检测方法介绍

粪大肠菌群又称耐热大肠菌群，是指在44.5 ℃下培养24 h，能在MFC选择性培养基上生长，发酵乳糖产酸，并形成蓝色或蓝绿色菌落的肠杆菌科细菌。

水质粪大肠菌群的检测方法主要有多管发酵法、滤膜法和酶底物法。滤膜法具有检测周期短、操作简单、成本较低的特点，因此，该方法被广泛应用。本节内容只针对标准《水质 粪大肠菌群的测定 滤膜法》（HJ 347.1—2018）进行解读。

二、适用范围

本方法适用于地表水、地下水、生活污水和工业废水中粪大肠菌群的测定。

本方法的检出限：当接种量为100 mL时，检出限为10 CFU[①]/L；当接种量为500 mL时，检出限为2 CFU/L。

三、试剂及材料

1. 实验用水

本实验用水为蒸馏水或去离子水。

2. MFC培养基

称取10 g胰胨、5 g蛋白胨、3 g酵母浸膏、5 g氯化钠、12.5 g乳糖、1.5 g胆盐三号，溶于1 000 mL水中。将该溶液pH调至7.4，分装于三角烧瓶内，于115 ℃下高压蒸汽灭菌20 min，储存于冷暗处备用。临用前，按上述配方比例，用灭菌吸管分别加入1 mL已煮沸灭菌的浓度为1%的苯胺蓝水溶液及1 mL浓度为 1%的玫瑰红酸溶液（溶于8.0 g/L氢氧化钠中），混合均匀。如培养物中杂菌不多，可不加玫瑰红酸溶液。加热溶解前，加入1.2%~1.5%的琼脂可制成固体培养基（图3-142）。配制好的培养基应在避光、干燥条件下保存，必要时在（5±3）℃冰箱中保存。分装到培养皿中的培养基可保存2~4周。配制好的培养基不能进行多次融化操作，宜少量多配。当培养基颜色发生变化或脱水明显时，培养基应废弃。

---

① CFU 为菌落形成单位（colony-forming unit），指单位体积样品中的细菌群落总数。

3．无菌滤膜

本实验用无菌滤膜（图3-143）为直径为50 mm、孔径为0.45 μm的醋酸纤维滤膜，按无菌操作要求进行包扎，于121 ℃下高压蒸汽灭菌20 min，晾干备用。或将滤膜放入烧杯中，加入实验用水，煮沸灭菌3次，每次15 min，前2次煮沸后需更换水洗涤2~3次。

4．无菌水

取适量实验用水，经121 ℃高压蒸汽灭菌20 min制成无菌水（图1-44），备用。

5．硫代硫酸钠溶液（浓度为0.10 g/mL）

称取15.7 g硫代硫酸钠溶于适量水中，定容至100 mL，临用现配。

6．乙二胺四乙酸二钠溶液（浓度为0.15 g/mL）

称取15 g乙二胺四乙酸二钠，溶于适量水中，定容至100 mL，此溶液可保存30 d。

图3-142　MFC培养基　　　　图3-143　无菌滤膜　　　　图3-144　无菌水

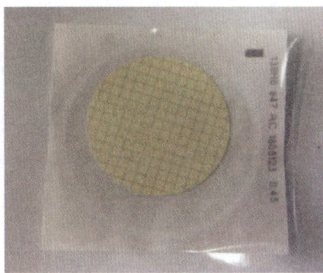

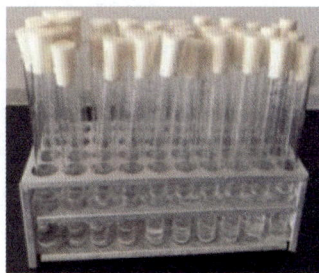

四、主要实验器具及仪器

1．采样瓶

采样瓶（图3-145）为带螺旋帽或磨口塞的广口玻璃瓶，规格为250 mL、500 mL、1 000 mL。

2．抽滤装置

抽滤装置配有砂芯滤器和真空泵，抽滤压力勿超过−50 kPa。

3．恒温培养箱

本实验用恒温培养箱（图3-146）允许温度偏差为（44.5±0.5）℃；

4．高压蒸汽灭菌器

本实验用高压蒸汽灭菌器的温度于115 ℃、121 ℃可调。

5．pH计

本实验用pH计应准确到0.1 pH单位。

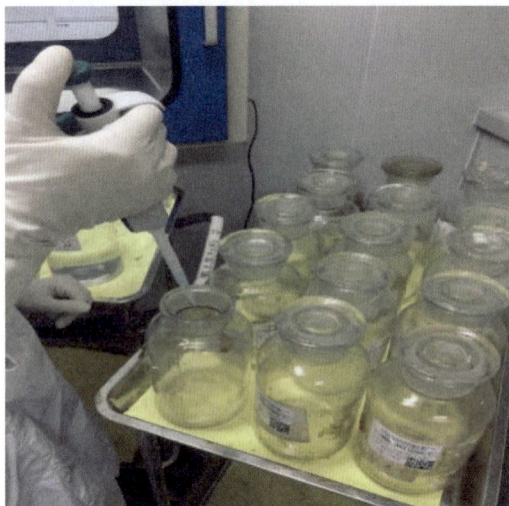

图3-145　采样瓶

图3-146　恒温培养箱

五、操作步骤

采样后，应在2 h内检测；否则，样品应在10 ℃以下环境中冷藏，但冷藏时间不得超过6 h。实验室接样后，不能立即开展检测的，应将样品在4 ℃以下冷藏，并在2 h内检测。

1. 样品过滤

（1）根据样品的种类判断接种量，最小过滤体积为10 mL，如接种量小于10 mL，应逐级稀释。先估计出适合在滤膜上计数所使用的体积，然后再取这个体积的1/10和10倍，分别过滤。理想的样品接种量是滤膜上生长的粪大肠菌群菌落数为20~60个，总菌落数不得超过200个。当最小过滤体积为10 mL，但滤膜上菌落密度仍过大时，则应对样品进行稀释。1∶10稀释的方法为：吸取10 mL样品，注入盛有90 mL无菌水的三角瓶中，混匀，制成1∶10的稀释样品。样品接种量见表3-15。

表3-15　样品接种量参考表　　　　　　　　　单位：mL

样品类型			接种量							
			100	10	1	0.1	10^{-2}	10^{-3}	10^{-4}	10^{-5}
地表水	水源水		▲	▲	▲					
	湖泊（水库）水			▲	▲	▲				
	河流水			▲	▲	▲				
废水	生活污水							▲	▲	▲
	工业废水	处理前						▲	▲	▲
		处理后		▲	▲	▲				
地下水				▲	▲	▲				

注：▲表示选取的接种量，空白表示不选取。

（2）用灭菌镊子以无菌操作的方式夹取无菌滤膜贴放在已灭菌的抽滤装置上，固定好抽滤装置，将样品充分混匀后抽滤，以无菌水冲洗抽滤装置器壁2~3次。样品过滤完成后，再抽气约5 s，关上开关。

2．培养

用灭菌镊子夹取滤膜移放在MFC培养基上，让滤膜截留细菌面向上，滤膜应与培养基完全贴紧，两者间不得留有气泡。然后将培养皿倒置，放入恒温培养箱内，于（44.5±0.5）℃环境中培养（24±2）h。

3．对照试验

（1）空白对照

每次试验都要用无菌水按照上述步骤（包括样品过滤和培养两步）进行实验室空白测定。

（2）阳性及阴性对照

用大肠埃希菌（*Escherichia coli*）作为阳性菌，用产气肠杆菌（*Enterobacter aerogenes*）作为阴性菌，制成浓度为40~600 CFU/L的菌悬液。分别按照上述步骤培养，阳性菌株应呈现阳性反应，阴性菌株应呈现阴性反应，否则，该批次样品测定结果无效，应查明原因并重新测定。

4．操作步骤示意图

为了让操作者更容易理解和掌握水质粪大肠菌群测定的流程，本小节内容制作了水样中的粪大肠菌群测定的操作步骤示意图，见图3-147。

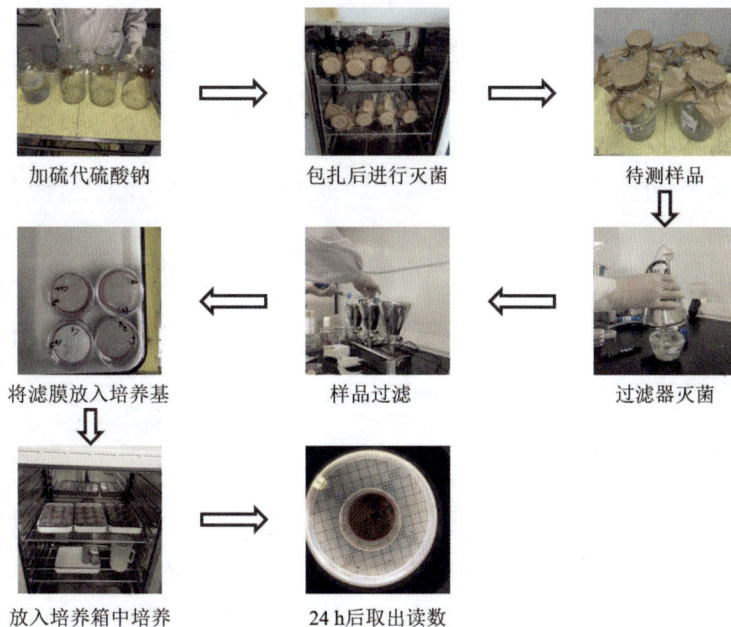

图3-147　测定水样中粪大肠菌群的操作步骤示意图

六、结果计算

1. 结果判读

MFC培养基上呈蓝色或蓝绿色的菌落为粪大肠菌群菌落（图3-148），予以计数；呈灰色、淡黄色或无色的菌落为非粪大肠菌群菌落，不予计数。

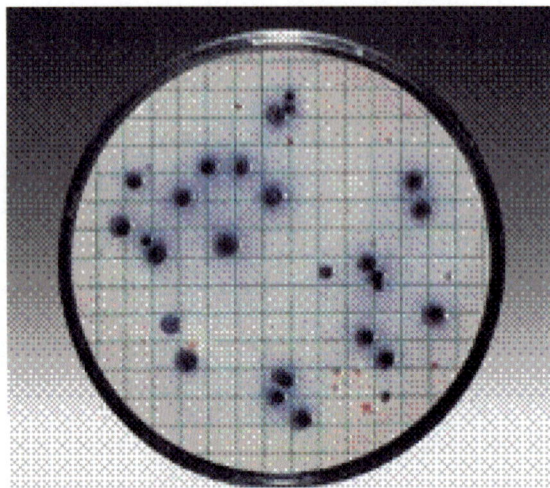

图3-148　废水中的粪大肠菌群菌落（蓝色）

2. 结果计算

样品中的粪大肠菌群按照下式计算：

$$C = \frac{C_1 \times 1\,000}{f} \tag{3-18}$$

式中：C——样品中粪大肠菌群数，单位为CFU/L；

　　　C_1——滤膜上生长的粪大肠菌群菌落总数；

　　　f——样品接种量，单位为mL。

注意：若平行样结果都在20~60 CFU/L，最终结果应取平均值，其值以几何平均值计算。

3. 结果表示

测定结果保留至整数位，最多保留2位有效数字。当测定结果大于等于100 CFU/L时，以科学计数法表示。

七、质量控制要求

1. 培养基检验

更换不同批次培养基时，要进行阳性菌株和阴性菌株检验，将粪大肠菌群测定的阳性菌株和阴性菌株配制成适宜的浓度，按样品过滤要求使滤膜上生长的菌落数为20~60个，然后按培养的要求进行操作。阳性菌株应生长为蓝色或蓝绿色的菌落，阴性菌株应生长为灰色、淡黄色或无色的菌落，或无菌落生长。否则，如该批次样品测定结果无效，应查明原因后重新测定。

2．对照试验要求

（1）空白对照

每次试验都用无菌水按照步骤进行实验室空白测定，培养后的培养基上不得有任何菌落生长。否则，该批次样品测定结果无效，应查明原因后重新测定。

（2）阳性及阴性对照

定期按照阳性及阴性对照试验的要求进行阳性及阴性对照试验，阳性菌株应呈现阳性反应，阴性菌株应呈现阴性反应。否则，该批次样品测定结果无效，应查明原因后重新测定。

八、干扰及消除方法

（1）活性氯具有氧化性，能破坏微生物细胞内的酶活性，导致细胞死亡，可在样品采集时加入0.10 g/mL硫代硫酸钠溶液消除干扰。

（2）重金属离子具有细胞毒性，能破坏微生物细胞内的酶活性，导致细胞死亡，可在样品采集时加入0.15 g/mL乙二胺四乙酸二钠溶液消除干扰。

九、操作注意事项

（1）当样品浑浊度较高时，应选用其他方法。

（2）使用后的废弃物及器皿须经121 ℃高压蒸汽灭菌30 min或使用液体消毒剂灭菌后，方可清洗，废弃物作为一般废弃物处置。

十、典型样品浓度和限值

水质粪大肠菌群测定的典型样品测定浓度和限值见表3-16。

表3-16　典型样品粪大肠菌群的浓度和限值　　　　单位：CFU/L

样品类型	粪大肠菌群的浓度	粪大肠菌群的限值
再生水厂进水	$10^6 \sim 10^7$	
再生水厂出水	<1 000	<1 000

十二、原始记录填写范例

水质粪大肠菌群测定（滤膜法）的原始记录填写范例见图3-149。

编号：QR/PF10-HYS27-03-2019

粪大肠菌群检测原始记录（滤膜法）

检测当天的日期　　　　　　　　　　　　　　　　　　样品采集的日期

检测日期：2019年6月1日 — 2019 年6月2日	采样时间：2019 年6月1日

分析地点：微生物室　　温度：20 ℃　　湿度：45% RH　←　检测地点、实验室温湿度

方法依据：水质 粪大肠菌群的测定 滤膜法　HJ 347.1—2018　　　填写仪器信息

计算公式：结果／（CFU/L）=$C×1000/V$　　　生物安全柜编号：HYA3434

培养基名称：M-FC　厂家：赛多利斯　批号：190147　有效期至 2021年 3月

培养箱型号：BF260　编号：HYA3443　有效期至2020年6月10日　设定温度：44.5 ℃　实际温度：44.5 ℃

高压锅编号：HYA0022　　有效期至2020年6月10日　　☑灭菌指示卡变色

主要实验过程：
1.水样量的选择：根据样品的种类判断接种量，最小接种量为10 mL，小于10 mL的应逐级稀释。估计出适合在滤膜上计数所使用的体积，然后再取这个体积的1/10和10倍，分别过滤。理想的水样体积为每片滤膜上长20~60个粪大肠菌落，总菌落数不得超过200个。当最小过滤体积为10 mL，滤膜上菌落密度仍过大时，应对样品进行稀释。1:10的稀释方法为吸取10 mL样品注入盛有90 mL无菌水的三角瓶中混匀
2.样品过滤：用灭菌镊子以无菌操作的方式夹取无菌滤膜，贴放在已灭菌的过滤装置上，固定好过滤装置。将样品充分混匀后抽滤，以无菌水冲洗器壁2~3次。样品过滤完成后，再抽气约5 s，关闭开关
3.培养：用灭菌镊子夹取滤膜移放在MFC培养基上，滤膜截留细菌面向上，滤膜应与培养基完全贴紧，两者间不得留有气泡。将培养皿置于恒温培养箱中，于（44.5±0.5）℃培养（24±2）h
4.对照实验：每次实验用无菌水作空白对照，定期用大肠埃希氏菌和产气肠杆菌作阳性和阴性对照
5.结果计算：在MFC培养基上呈蓝色或蓝绿色的菌落为粪大肠菌群菌落，予以计数。在MFC培养基上呈灰色、淡黄色或无色的菌落为非粪大肠菌群，不予计数。按照公式计算出每升水样中的粪大肠菌群数

样品编码	接种量V/mL	平皿计数C/CFU	结果／（CFU/L）	备注
空白	500	0	<2	
	500	0		
	500	0		
190601A11035	500	0	<2	
	100	0		
	10	0		
190601A11036	5000	0	<2	
	100	0		
	10	0		

实验过程

填写样品编号　　　　　填写接种量、初始菌群数　　　　计算结果　　　以下空白　　　盖"以下空白"章

分析：WWW　　　　　校核：YYY　　　　　序号：N-N

分析人员签字　　　　　校核人员签字　　　　　总页数-第几页

图3-149　水质粪大肠菌群测定（滤膜法）的原始记录填写范例

（注：该范例为资质认定实验室所用原始记录填写要求，各实验室可以根据需要进行修改。）

第十四节 水质总大肠菌群的测定

一、检测方法介绍

总大肠菌群是指一群在37 ℃环境中培养24 h能发酵乳糖、产酸产气、需氧和兼性厌氧的革兰氏阴性无芽孢杆菌。

水质总大肠菌群的检测方法主要有多管发酵法、滤膜法和酶底物法。其中，酶底物法由于检测周期短、操作简便、结果判读明显，被广泛应用。总大肠菌群测定的酶底物法是指在选择性培养基上能产生β-半乳糖苷酶（β-D-galactosidase）的细菌群组，该细菌群组能分解色原底物释放出色原体使培养基呈现颜色变化，以此来检测水中总大肠菌群。本节内容只针对标准《生活饮用水标准检验方法 微生物指标》（GB/T 5750.12—2006）中的总大肠菌群酶底物法进行解读。

二、适用范围

本方法适用于生活饮用水及其水源水中的总大肠菌群的检测。利用本方法可在24 h内判断水样中是否含有总大肠菌群及含有的总大肠菌群的最可能数（MPN）。

三、试剂与材料

1. 实验用水

本实验用水为蒸馏水。

2. 培养基

本实验用培养基可选用市售商品化培养基。

3. 生理盐水

称取8.5 g氯化钠溶于适量蒸馏水中，定容至1 000 mL。将配制好的溶液分装到稀释瓶内，每瓶90 mL，经121 ℃高压蒸汽灭菌20 min，备用。

四、主要实验器具及仪器

1. 量筒

本实验所用量筒的规格为100 mL、500 mL、1 000 mL。

2．吸管

本实验所用吸管为1 mL、5 mL及10 mL的无菌玻璃吸管或一次性塑料吸管。

3．稀释瓶

本实验所用稀释瓶为100 mL、250 mL、500 mL及1 000 mL能耐高压的灭菌玻璃瓶。

4．试管

本实验所用的试管为可高压灭菌的玻璃试管或塑料试管，大小约15 mm×10 cm。

5．培养箱

使用时，应保证培养箱通风孔10 cm内无物品，温度保持在（36±1）℃。

6．高压蒸汽灭菌器

本实验所用高压蒸汽灭菌器于115 ℃、121 ℃可调。

7．97孔定量盘

97孔定量盘（图3-150）即定量培养用无菌塑料盘，含97个孔穴，包括49 个大孔和48 个小孔。其中，每个小孔可容纳0.186 mL样品，每个大孔可容纳1.86 mL 样品，一个顶部大孔可容纳11 mL 样品。本实验可采用已灭菌的市售商品化成品。

8．程控定量封口机

程控定量封口机（图3-151）是一种专门用于对51孔或97孔定量盘进行密封的设备，配合微生物检测试剂使用，能够快速、准确、简单地检测出水中的总大肠菌、大肠埃希氏菌等。

9．阳性比色盘

阳性比色盘（图3-152）即97孔阳性比色对照盘，用于判读水样中的总大肠菌群是否为阳性。

图3-150　97孔定量盘　　　　图3-151　程控定量封口机　　　　图3-152　阳性比色盘

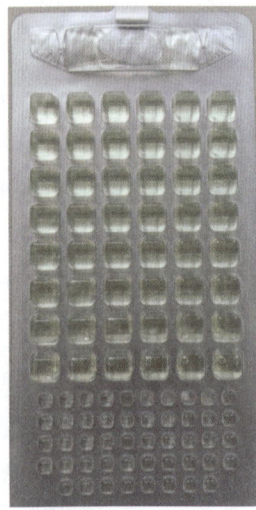

五、操作步骤

1. 水样稀释

检测所需水样为100 mL。若水样污染严重，可对水样进行稀释，取10 mL水样加入到90 mL灭菌生理盐水中，必要时可加大稀释度。

2. 97孔定量盘法

（1）用100 mL的无菌稀释瓶量取100 mL水样，加入科立得试剂〔（2.7±0.5）g MMO-MUG培养基粉末〕，混摇均匀使之完全溶解，见图3-153。

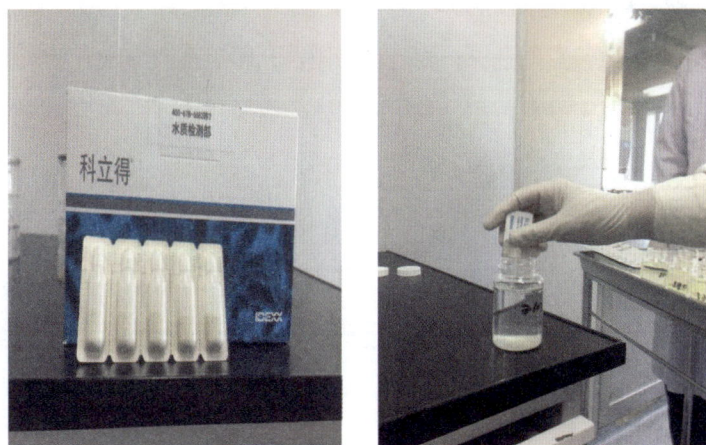

（a）科立得试剂　　　　（b）在水样中加入科立得试剂

图3-153　添加商品化试剂操作

（2）将前述100 mL水样全部倒入97孔无菌定量盘内（图3-154），以手抚平定量盘背面以赶出孔穴内气泡（图3-155）。然后，用程控定量封口机封口，见图3-156。

图3-154　将水样倒入定量盘　　**图3-155　赶出定量盘孔穴内气泡**　　**图3-156　用程控定量封口机封口**

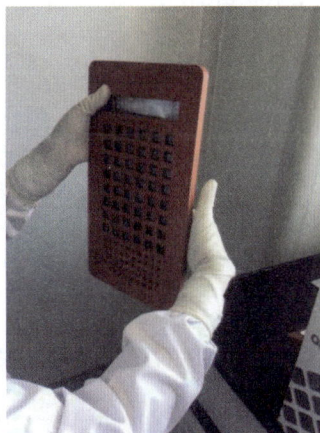

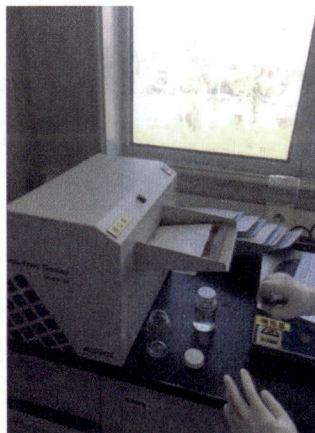

3．培养

将定量盘放入（36±1）℃的培养箱中培养24 h。

六、结果判读及计数

1．结果判读

将水样培养24 h后进行判读，如果结果为可疑阳性，可延长培养时间到28 h后再进行结果判读，超过28 h之后出现的颜色反应不作为阳性结果。

将培养后的水样用保质期内的标准阳性比色盘辅助进行结果判读，如果孔穴内的水样变成黄色且比阳性比色盘颜色深，则判读为阳性，即该孔穴中含有总大肠菌群；如果孔穴内的水样未变色或未变成黄色，且比阳性比色盘颜色浅，则判读为阴性，即该孔穴中不含有总大肠菌群。检测结果判定说明见表3-17。

表3-17　水质总大肠菌群检测结果说明

显色情况	结果
水样颜色比阳性比色盘的黄色浅	水样中的总大肠菌群为阴性
水样颜色比阳性比色盘的黄色深，或两者颜色相同	水样中的总大肠菌群为阳性

2．结果计数

分别记录97 孔定量盘中大孔和小孔的阳性孔数量。对照附录查出代表的总大肠菌群最可能数（MPN），结果以MPN/100 mL表示。如所有孔未变成黄色，则可报告为总大肠菌群未检出。

七、质量控制要求

（1）每批次样品按对照试验步骤进行空白对照测定，且定期使用有证标准菌株进行阳性和阴性对照试验。

（2）每20个样品或每批次样品（样品数量小于等于20个）测定1个平行样。

（3）对每批次培养基使用有证标准菌株进行培养基质量检验。

（4）定期使用有证标准菌株/标准样品进行质量检验。

八、干扰及消除方法

（1）活性氯具有氧化性，能破坏微生物细胞内的酶活性，导致细胞死亡，可在样品采集时加入硫代硫酸钠溶液消除干扰。

（2）重金属离子具有细胞毒性，能破坏微生物细胞内的酶活性，导致细胞死亡，可在样品采集时加入乙二胺四乙酸二钠溶液消除干扰。

九、操作注意事项

（1）100 mL商品化无菌取样瓶中含有10~35 mg硫代硫酸钠，可以去除15 mg/L的余氯。

（2）如水样中含有过多的氯，加入科立得试剂后，可能显蓝光或产生白色泡沫，则该水样不可用此方法检测总大肠菌群。

（3）如果水样本身带有颜色，将样品留取100 mL但不加入科立得试剂做阴性对照，检测结果只要比原样品颜色深，即可认为是阳性。

（4）检测使用过的定量盘应经高压灭菌后弃去。将约30个定量盘放入防爆袋中，用绳子松松地扎住袋口，放入高压蒸汽灭菌锅中，于121 ℃高压灭菌20 min后从高压蒸汽灭菌器中取出，将防爆袋和定量盘丢弃。

（5）如果发现取样瓶中的硫代硫酸钠为液滴状，可能是因为温度升高导致其熔化，不影响使用。

十、典型样品浓度和限值

水质总大肠菌群测定典型样品浓度见表3-18。

表3-18　典型样品总大肠菌群浓度

样品类型	总大肠菌群浓度
再生水厂进水	$10^6 \sim 10^8$
再生水厂出水	$<10^4$

十一、原始记录填写范例

水质总大肠菌群测定（酶底物法）的原始记录填写范例见图3-157。

编号：QR/PF10-HYS26-01-2017

检测当天的日期 · **样品采集的日期**

总大肠菌群检测原始记录（酶底物法）

检测日期：2019 年 9 月 20 日—— 2019 年 9 月 21 日	采样时间：2019 年 9 月 20 日

检测实验室编号、温湿度

分析地点：微生物室　温度：21 ℃　湿度：51 % RH

方法依据：生活饮用水标准检验方法 微生物指标 GB/T 5750.12——2006　2.3 酶底物法

计算公式：结果/（MPN/L）=查表值×f×1000/V	仪器编号：HYA3434

培养基名称：科立得　厂家：IDEXX　批号：2P416　有效期至2019 年 12 月 8 日

培养箱型号：2HS-100SC　编号：HYA3396　设定温度：36.0 ℃　实际温度：36.0 ℃

高压锅编号：HYA0022　　　　有效期至 2020年6月10日　　　　☑灭菌指示卡变色

填写仪器信息

主要实验过程：
1.水样量的选择：根据待测样品的特征和水样中预测的总大肠菌群密度，估计出适合在定量盘上计数所应适用的体积或所需要稀释的倍数
2.用100 mL的无菌稀释瓶取100 mL水样，加入科立得试剂混摇均匀使之完全溶解。若水样污染严重可对水样进行稀释，取10 mL水样加入到90 mL的灭菌水中，必要时可加大稀释度
3.将上述100 mL水样全部倒入97孔无菌定量盘内，以手抚平定量盘背面以赶除孔穴内气泡，然后用程控定量封口机封口。放入（36±1）℃的培养箱中，培养24 h
4.结果判读：将水样培养24h后进行判读，如果结果为可疑阳性，可延长培养时间到28 h进行结果判读，超过28 h之后出现的颜色反应不作为阳性结果。与阳性比色盘对照观察，如果孔穴内的水样变成黄色且比阳性比色盘颜色深则判读为阳性，即该孔穴中含有总大肠菌群；如果孔穴内的水样未变色或黄色比阳性比色盘颜色浅则判读为阴性
5.结果计算：计算有黄色反应的孔穴数对照表格查出代表的总大肠菌群的最可能数（MPN），按照公式计算出每升水样中的总大肠菌群数。如水样未经稀释且所有孔穴均未变色，则可报告为总大肠菌群未检出

样品编码	稀释倍数f	稀释后取样量V/mL	变色大格数/个	变色小格数/个	查表值	结果/（MPN/L）	备注
空白	10^0	100	0	0	<1	<10	
190920A11035	10^0	100	0	0	<1	<10	
190920A12037	10^0	100	0	0	<1	<10	
						以下空白	

填写样品编号　**填写稀释倍数**　**填写取样量及实验结果**　**盖"以下空白"章**　**计算结果**

分析：FFF　　　　　　校核：DDD　　　　　　序号：N-N

分析人员签字　　**校核人员签字**　　**总页数-第几页**

图3-157　水质总大肠菌群测定（酶底物法）的原始记录填写范例

（注：该范例为资质认定实验室所用原始记录填写要求，各实验室可以根据需要进行修改。）

第十五节　城市污泥含水率的测定

一、检测方法介绍

污泥含水率是指污泥中所含水分的重量与污泥总重量之比的百分数，即将均匀的污泥样品放在称至恒重的蒸发皿中于水浴上蒸干，再放在103~105 ℃鼓风干燥箱内烘至恒重，减少的重量以百分率计的结果。

污泥含水率一般采用重量法进行检测。本节内容只针对标准《城市污水处理厂污泥检验方法》（CJ/T 221—2005）中的"城市污泥含水率的测定 重量法"进行解读。

二、适用范围

本方法适用于污水处理厂和城市其他污泥中含水率的测定。

三、主要实验器具及仪器

1．瓷蒸发皿

蒸发皿是可用于蒸发浓缩溶液或灼烧固体的器皿。常用的为瓷蒸发皿（图3-158），也有玻璃、石英、铂等制成的。本实验选用规格为100 mL的瓷蒸发皿。

2．干燥器

干燥器是保持试剂干燥的容器，由厚质玻璃制成，见图3-159。其顶部是一个磨口

图3-158　瓷蒸发皿

图3-159　干燥器

的盖子，且磨口上应均匀涂抹一层凡士林，中部为一个有孔洞的活动瓷板，瓷板底下放有干燥剂，一般为氯化钙或凡士林等，用于吸收干燥器内的水分。

3．鼓风干燥箱

干燥箱外壳须接地，放置于通风良好的室内。

4．分析天平

本实验用分析天平精度为0.001g。

四、操作步骤

（1）将空的瓷蒸发皿反复烘干，称至恒重，记为m_1。

（2）称取均匀捣碎的污泥样品约20 g，将该样品质量准确称至0.001 g，记为m。

（3）对于含水较多的污泥样品，应先将盛放样品的瓷蒸发皿置于水浴锅上蒸干。

（4）将样品放入103～105 ℃鼓风干燥箱内（图3-161），待温度稳定后开始计时，干燥2 h。

（5）取出样品，放入干燥器中冷却至室温，称重。如数值不稳定，应放回鼓风干燥箱再烘0.5 h后，再次取出放入干燥器中冷却至室温，称重，见图3-162。如此反复多次，直至恒重。

图3-160　将样品放入鼓风干燥箱

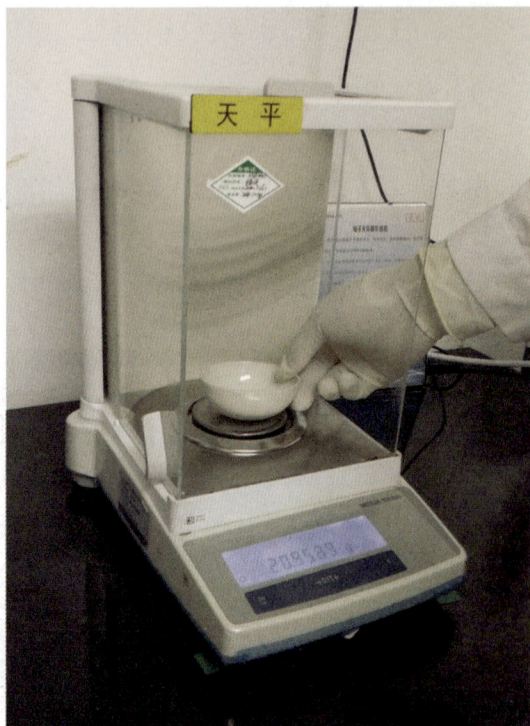

图3-161　称量样品重量

五、结果计算

污泥中的含水率按下式计算：

$$\omega = \frac{m - (m_2 - m_1)}{m} \times 100\%$$

（3-19）

式中：ω——污泥中的含水率，单位为%；

　　　m——称取污泥样品的质量，单位为g；

　　　m_1——恒重后空瓷蒸发皿的质量，单位为g；

　　　m_2——恒重后瓷蒸发皿加恒重后污泥样品的质量，单位为g。

计算结果保留至小数点后1位。

六、操作注意事项

（1）测定含水率的样品应剔除大型纤维杂质和大小碎石块等无机杂质，将样品充分混匀。可以参照四分法进行取样，使取出的样品更具代表性。

（2）泥饼类样品盛放在瓷蒸发皿（应选取合适容积的瓷蒸发皿）里，将样品摊开得越薄越好。如条件允许，可将平摊在瓷蒸发皿里的样品划分出田字格，这样更有利于样品烘干。

（3）大板框泥饼敲得越碎越好，必要时可以将其研磨成粉状。

（4）烘干至恒重的判断标准为每次烘干后称重相差不大于0.001 g。

七、典型样品的含水率

城市污泥含水率测定典型样品含水率见表3-19。

表3-19　典型样品的含水率　　　　　　　　　　　　　单位：%

样品类型	含水率
离心机泥饼	70~85
板框泥饼	40~60
消化池进泥	88~92
消化池出泥	90~95

八、原始记录填写范例

污泥中含水率测定的原始记录填写范例见图3-162。

编号：OR/PF10-HYN02-2011

含水率、有机物检测原始记录

温度：22 ℃　　湿度：67 % RH　　　　　　　　　　　　　2019年9月3日

样品编码	容器编号	容器空重 w_0/g		容器+样品重量 w_1/g	容器+样品烘后重量 w_2/g			容器+样品烧后重量 w_3/g	含水率/%	有机物/%	备注
		1	2		1	2	3				
190903A11150	42	48.3260	48.3262	58.8573	50.4146	50.4144	/	49.4089	80.2	48.2	
190903A12151	38	47.8371	47.8374	54.7445	50.8226	50.8229	/	49.5998	56.8	41.0	
190903A12151	19	44.2108	44.2115	51.5934	47.3786	47.3773	47.3773	46.0537	57.1	41.8	
平均值	/				/	/	/		/	41.4	

方法依据：城市污水处理厂污泥检验方法 CJ/T 221—2005 的第一部分（城市污泥 有机物的含量 重量法）和第二部分（城市污泥 含水率的测定 重量法）

干燥条件：103~105 ℃　灼烧条件：550 ℃　计算公式：含水率/%＝[(w_1-w_2)/(w_1-w_0)]×100%

有机物/%＝[(w_2-w_3)/(w_2-w_0)]×100%，其中 w_0和w_2取最后一次称量结果

仪器名称（型号）：烘箱（UFE 700）　仪器编号：HYA3351

仪器名称（型号）：马弗炉 P330　仪器编号：HYA3352　分析地点：213室、216室、217室、219室

仪器名称（型号）：天平 AB204-S　仪器编号：HYA3311

分析：WWW　　　校核：YYY　　　序号：N-N　第　页

图3-162　污泥含水率测定使用的原始记录填写范例

（注：该范例为资质认定实验室使用的原始记录填写要求，各实验室可以根据需要进行修改。）

第十六节 城市污泥有机物的测定

一、检测方法介绍

有机物含量是指污泥中有机物总量的综合指标，它是污水中各种有机污染颗粒的总和。

污泥中有机物的测定一般采用重量法。本节内容只针对标准《城市污水处理厂污泥检验方法》（CJ/T 221—2005）中的"城市污泥 有机物的测定 重量法"进行解读。

二、适用范围

本方法适用于污水处理厂和城市其他污泥中的有机物含量的测定。

三、主要实验器具及仪器

1. 鼓风干燥箱

鼓风干燥箱外壳须接地，放置于通风良好的室内。

2. 瓷蒸发皿

本实验使用的瓷蒸发皿规格为100 mL。

3. 分析天平

分析天平在使用前，应调整水平仪气泡至中间位置，按说明书要求进行预热。天平内应放置干燥剂。

4. 马弗炉

马弗炉（图3-163）是一种通用的加热设备，适用于在实验室中进行残渣灼烧、重金属样品制备、老化处理、淬火退火等热处理实验以及其他高温实验。依据外观形状可将其分为箱式炉、管式炉、坩埚炉。马弗炉应在相对湿度不超过85%、温度0~40 ℃的环境中使用。马弗炉需按照说明书使用，并定期对其进行检测。

图3-163 马弗炉

四、操作步骤

（1）用已恒重的瓷蒸发皿（质量记为m_1）在天平上称取约10 g的样品。将样品摊开得越薄越好，如条件允许，可将平摊在瓷蒸发皿里的样品划分出田字格，这样更有利于样品烘干。

（2）将盛有样品的瓷蒸发皿放在水浴锅上蒸，待其中水分蒸发近干，将其移入鼓风干燥箱内。待鼓风干燥箱温度稳定至103～105 ℃，开始计时，烘干2 h后，取出样品并放入干燥器内，冷却约0.5 h后称重。反复几次，直到恒重，记为m_2。

（3）将烘干后的样品和瓷蒸发皿放入马弗炉中，升温到（550±50）℃后，灼烧1 h。然后，关掉电源，待炉内温度降至200 ℃左右时（必须是安全温度，以不灼伤为安全准则）取出，放入干燥器，冷却后称重，记为m_3。

五、结果计算

污泥中有机物含量按下式计算：

$$\omega = \frac{m_2 - m_3}{m_2 - m_1} \times 100\%$$

（3-20）

式中：ω——污泥中有机物的含量，单位为%；

　　　m_2——恒重的瓷蒸发皿加烘干后样品的质量，单位为g；

　　　m_1——恒重的瓷蒸发皿的质量，单位为g；

　　　m_3——恒重的瓷蒸发皿加灼烧后样品的质量，单位为g。

计算结果保留至小数点后2位。

六、操作注意事项

（1）测定有机物的样品应剔除大型纤维杂质和大小碎石块等无机杂质，将样品充分混匀。可以参照四分法进行取样，以使取出的样品更具代表性。

（2）烘干恒重的标准为每次烘干后称重相差不大于0.001 g。

（3）在马弗炉中灼烧1h应视样品完全灼烧，时间可适当延长或缩短。

七、典型样品有机物含量

城市污泥有机物测定典型样品含量见表3-20。

表3-20　典型样品中有机物的含量　　　　　　　　　　　　　　单位：%

样品类型	有机物的含量
离心机泥饼	45~65
板框泥饼	45~65
消化池进泥	40~70
消化池出泥	35~57

八、原始记录填写范例

污泥中有机物测定的原始记录填写范例可参考污泥含水率测定的原始记录填写范例（图3-162），此处不再展示。

本章参考文献：

国家环境保护总局《水和废水监测分析方法》编委会. 水和废水监测分析方法[M].4版. 北京：中国环境科学出版社，2002.

环境保护部环境监测司，环境保护部科技标准司. 水质 化学需氧量的测定 重铬酸盐法：HJ 828—2017 [S]. 北京：中国环境出版社，2017.

环境保护部科技标准司.水质 总氮的测定 碱性过硫酸钾消解紫外分光光度法：HJ 636—2012 [S]. 北京：中国环境科学出版社，2012.

国家环境保护局标准处. 水质 总磷的测定 钼酸铵分光光度法：GB 11893—1989 [S/OL].[2019-12-01]. https://www.doc88.com/p-91590150333.html.

环境保护部科技标准司. 水质 五日生化需氧量（BOD_5）的测定 稀释与接种法：HJ 505—2009 [S].北京：中国环境科学出版社，2009.

国家环境保护局标准处. 水质 悬浮物的测定 重量法：GB 11901—1989 [S/OL].[2019-12-01]. http://www.doc88.com/p-1816405920526.html.

国家环境保护局标准处. 水质 氯化物的测定 硝酸银滴定法：GB 11896—1989 [S/OL]. [2019-12-01]. http://www.doc88.com/p-9933542101458.html.

国家环境保护局规划标准处. 水质 钙和镁总量的测定 EDTA滴定法：GB 7477—1987 [S/OL]. [2019-12-01]. http://www.doc88.com/p-7008071062059.html.

生态环境部生态环境监测司，生态环境部法规与标准司. 水质 石油类和动植物油类的测定 红外分光光度法：HJ 637—2018 [S].北京：中国环境科学出版社，2018.

环境保护部科技标准司. 水质 无机阴离子（F^-、Cl^-、NO_2^-、Br^-、NO_3^-、PO_4^{3-}、SO_3^{2-}、SO_4^{2-}）的测定 离子色谱法：HJ 84-2016 [S].北京：中国环境科学出版社，2016.

环境保护部科技标准司.水质 阴离子表面活性剂的测定 亚甲蓝分光光度法：GB/T 7494—1987 [S/OL]. [2019-12-01]. http://www.doc88.com/p-1456409588516.html.

中国石油和化学工业协会. 工业循环冷却水 总碱度电位滴定法：GB/T 15451—2006 [S/OL].[2019.12-01].http://www.doc88.com/p-2905310974854.html.

生态环境部生态环境监测司，生态环境部法规与标准司. 水质 粪大肠菌群的测定滤膜法：HJ 347.1—2018 [S/OL].[2019-12-01]. http://www.doc88.com/p-5019904394102.

中华人民共和国卫生部.生活饮用水标准检验方法 微生物指标：GB/T 5750.12—

2006[S/OL].[2019−12−01].https://max.book118.com/html/2019/0208/5102341214002010. shtm.

建设部标准定额研究所.城市污水处理厂污泥检验方法：CJ/T 221—2005 [S/OL]. [2019−12−01]. http://www.doc88.com/p−9082540076627.html.

附录：97孔定量盘MPN对照表

IDEXX Quanti-Tray®/97 孔定量盘 MPN 对照表（每 100 mL 水样）

小孔阳性格数

大孔阳性格数	0	1	2	3	4	5	6	7	8	9	10	11	12	13	14	15	16	17	18	19	20	21	22	23	24
0	<1	1.0	2.0	3.0	4.0	5.0	6.0	7.0	8.0	9.0	10.0	11.0	12.0	13.0	14.1	15.1	16.1	17.1	18.1	19.1	20.2	21.2	22.2	23.3	24.3
1	1.0	2.0	3.0	4.0	5.0	6.0	7.1	8.1	9.1	10.1	11.1	12.1	13.2	14.2	15.2	16.2	17.3	18.3	19.3	20.4	21.4	22.4	23.5	24.5	25.6
2	2.0	3.0	4.1	5.1	6.1	7.1	8.1	9.2	10.2	11.2	12.2	13.3	14.3	15.4	16.4	17.4	18.5	19.5	20.6	21.6	22.7	23.7	24.8	25.8	26.9
3	3.1	4.1	5.1	6.1	7.2	8.2	9.2	10.3	11.3	12.4	13.4	14.5	15.5	16.5	17.6	18.6	19.7	20.8	21.8	22.9	23.9	25.0	26.1	27.1	28.2
4	4.1	5.2	6.2	7.2	8.3	9.3	10.4	11.4	12.5	13.5	14.6	15.6	16.7	17.8	18.8	19.9	21.0	22.0	23.1	24.2	25.3	26.3	27.4	28.5	29.6
5	5.2	6.3	7.3	8.4	9.4	10.5	11.5	12.6	13.7	14.7	15.8	16.9	17.9	19.0	20.1	21.2	22.2	23.3	24.4	25.5	26.6	27.7	28.8	29.9	31.0
6	6.3	7.4	8.4	9.5	10.6	11.6	12.7	13.8	14.9	16.0	17.0	18.1	19.2	20.3	21.4	22.5	23.6	24.7	25.8	26.9	28.0	29.1	30.2	31.3	32.4
7	7.5	8.5	9.6	10.7	11.8	12.8	13.9	15.0	16.1	17.2	18.3	19.4	20.5	21.6	22.7	23.8	24.9	26.0	27.1	28.3	29.4	30.5	31.6	32.8	33.9
8	8.6	9.7	10.8	11.9	12.9	14.1	15.2	16.3	17.4	18.5	19.6	20.7	21.8	22.9	24.1	25.2	26.3	27.4	28.6	29.7	30.8	32.0	33.1	34.3	35.4
9	9.8	10.9	12.0	13.1	14.2	15.3	16.4	17.6	18.7	19.8	20.9	22.0	23.2	24.3	25.4	26.6	27.7	28.9	30.0	31.2	32.3	33.5	34.6	35.8	37.0
10	11.0	12.1	13.2	14.4	15.5	16.6	17.7	18.9	20.0	21.1	22.3	23.4	24.6	25.7	26.9	28.0	29.2	30.3	31.5	32.7	33.8	35.0	36.2	37.4	38.6
11	12.2	13.4	14.5	15.6	16.8	17.9	19.1	20.2	21.4	22.5	23.7	24.8	26.0	27.2	28.3	29.5	30.7	31.9	33.0	34.2	35.4	36.6	37.8	39.0	40.2
12	13.5	14.6	15.8	16.9	18.1	19.4	20.6	21.8	22.8	23.9	25.1	26.3	27.5	28.6	29.8	31.0	32.2	33.4	34.6	35.8	37.0	38.2	39.5	40.7	41.9
13	14.8	16.0	17.1	18.3	19.5	20.6	21.8	23.0	24.2	25.4	26.6	27.8	29.0	30.2	31.4	32.6	33.8	35.0	36.2	37.5	38.7	39.9	41.2	42.4	43.6
14	16.1	17.1	18.5	19.7	20.9	22.1	23.3	24.5	25.7	26.9	28.1	29.3	30.5	31.7	33.0	34.2	35.4	36.7	37.9	39.1	40.4	41.6	42.9	44.2	45.4
15	17.5	18.7	19.9	21.1	22.3	23.5	24.7	25.9	27.2	28.4	29.6	30.9	32.1	33.3	34.6	35.8	37.1	38.4	39.6	40.9	42.2	43.4	44.7	46.0	47.3
16	18.9	20.1	21.3	22.6	23.8	25.0	26.2	27.5	28.7	30.0	31.2	32.5	33.7	35.0	36.3	37.5	38.8	40.1	41.4	42.7	44.0	45.3	46.6	47.9	49.2
17	20.3	21.6	22.8	24.1	25.3	26.6	27.8	29.1	30.3	31.6	32.9	34.1	35.4	36.7	38.0	39.3	40.6	41.9	43.2	44.5	45.9	47.2	48.5	49.8	51.2
18	21.8	23.1	24.3	25.6	26.9	28.1	29.4	30.7	32.0	33.3	34.6	35.9	37.2	38.5	39.8	41.1	42.5	43.8	45.1	46.5	47.8	49.2	50.5	51.9	53.2
19	23.3	24.6	25.9	27.2	28.5	29.8	31.1	32.4	33.7	35.0	36.3	37.6	39.0	40.3	41.6	43.0	44.3	45.7	47.1	48.4	49.8	51.2	52.6	54.0	55.4
20	24.9	26.2	27.5	28.8	30.1	31.5	32.8	34.1	35.4	36.8	38.1	39.5	40.8	42.2	43.6	44.9	46.3	47.7	49.1	50.5	51.9	53.3	54.7	56.1	57.6
21	26.5	27.9	29.2	30.5	31.8	33.2	34.5	35.9	37.3	38.6	40.0	41.4	42.8	44.1	45.5	46.9	48.4	49.8	51.2	52.6	54.1	55.5	56.9	58.4	59.9
22	28.2	29.5	30.9	32.3	33.6	35.0	36.4	37.7	39.1	40.5	41.9	43.3	44.8	46.2	47.6	49.0	50.5	51.9	53.4	54.8	56.3	57.8	59.3	60.8	62.3
23	29.9	31.3	32.7	34.1	35.5	36.8	38.3	39.7	41.1	42.5	43.9	45.4	46.8	48.3	49.7	51.2	52.7	54.2	55.6	57.1	58.6	60.2	61.7	63.2	64.7
24	31.7	33.1	34.5	35.9	37.3	38.8	40.2	41.7	43.1	44.6	46.0	47.5	49.0	50.5	52.0	53.5	55.0	56.5	58.0	59.5	61.1	62.6	64.2	65.8	67.3
25	33.6	35.0	36.4	37.9	39.3	40.8	42.2	43.7	45.2	46.7	48.2	49.7	51.2	52.7	54.3	55.8	57.3	58.9	60.5	62.0	63.6	65.2	66.8	68.4	70.0
26	35.5	36.9	38.4	39.9	41.4	42.8	44.3	45.9	47.4	48.9	50.4	52.0	53.5	55.1	56.7	58.2	59.8	61.4	63.0	64.7	66.3	67.9	69.6	71.2	72.9
27	37.4	38.9	40.4	42.0	43.5	45.0	46.5	48.1	49.6	51.2	52.8	54.4	56.0	57.6	59.2	60.8	62.4	64.1	65.7	67.4	69.1	70.8	72.5	74.2	75.9
28	39.5	41.0	42.6	44.1	45.7	47.3	48.8	50.4	52.1	53.6	55.2	56.8	58.5	60.2	61.8	63.5	65.2	66.9	68.6	70.3	72.0	73.7	75.5	77.3	79.0
29	41.7	43.2	44.8	46.4	48.0	49.6	51.2	52.8	54.5	56.1	57.8	59.5	61.2	62.9	64.6	66.3	68.0	69.8	71.5	73.3	75.1	76.9	78.7	80.5	82.4
30	43.9	45.5	47.1	48.7	50.4	52.0	53.7	55.4	57.1	58.8	60.5	62.2	64.0	65.7	67.5	69.3	71.0	72.9	74.7	76.5	78.3	80.2	82.1	84.0	85.9
31	46.2	47.9	49.5	51.2	52.9	54.6	56.3	58.1	59.8	61.6	63.3	65.1	66.9	68.7	70.5	72.4	74.2	76.1	78.0	79.9	81.8	83.7	85.7	87.6	89.6
32	48.7	50.4	52.1	53.8	55.6	57.3	59.1	60.9	62.7	64.5	66.3	68.2	70.0	71.9	73.8	75.7	77.6	79.5	81.5	83.5	85.4	87.5	89.5	91.5	93.6
33	51.2	53.0	54.8	56.5	58.3	60.2	62.0	63.8	65.7	67.6	69.5	71.4	73.3	75.2	77.2	79.2	81.2	83.2	85.2	87.3	89.3	91.4	93.6	95.7	97.8
34	53.9	55.7	57.6	59.4	61.3	63.1	65.0	66.9	68.9	70.8	72.8	74.8	76.8	78.8	80.8	82.9	85.0	87.1	89.2	91.4	93.6	95.7	97.9	100.2	102.4
35	56.8	58.6	60.5	62.4	64.4	66.3	68.3	70.3	72.3	74.3	76.3	78.4	80.5	82.6	84.7	86.9	89.1	91.3	93.5	95.7	98.0	100.3	102.6	105.0	107.3
36	59.8	61.7	63.7	65.7	67.7	69.7	71.7	73.8	75.9	78.0	80.1	82.3	84.5	86.7	88.9	91.2	93.5	95.8	98.1	100.5	102.9	105.3	107.7	110.2	112.7
37	62.9	65.0	67.0	69.1	71.2	73.3	75.4	77.6	79.8	82.0	84.2	86.5	88.8	91.1	93.4	95.8	98.2	100.6	103.1	105.6	108.1	110.7	113.3	115.9	118.6
38	66.3	68.4	70.6	72.7	74.9	77.1	79.4	81.6	83.9	86.2	88.6	91.0	93.4	95.9	98.3	100.8	103.4	105.9	108.6	111.2	113.9	116.6	119.4	122.2	125.0
39	70.0	72.2	74.4	76.7	78.9	81.3	83.6	86.0	88.4	90.9	93.4	95.9	98.4	101.0	103.6	106.3	109.0	111.8	114.6	117.4	120.3	123.2	126.1	129.2	132.2
40	73.8	76.2	78.5	80.9	83.3	85.7	88.0	90.8	93.3	95.9	98.5	101.2	103.9	106.7	109.5	112.3	115.3	118.2	121.2	124.3	127.4	130.5	133.7	137.0	140.3
41	78.0	80.5	83.0	85.5	88.0	90.6	93.3	95.9	98.7	101.4	104.3	107.1	110.0	113.0	116.0	119.1	122.2	125.4	128.7	132.0	135.4	138.8	142.3	145.9	149.5
42	82.6	85.2	87.8	90.5	93.2	96.0	98.8	101.7	104.6	107.6	110.6	113.7	116.9	120.1	123.4	126.7	130.1	133.6	137.2	140.8	144.5	148.3	152.2	156.1	160.2
43	87.6	90.4	93.2	96.0	99.0	101.9	105.0	108.1	111.2	114.5	117.8	121.1	124.6	128.1	131.7	135.4	139.1	143.0	147.0	151.0	155.2	159.4	163.8	168.2	172.8
44	93.1	96.1	99.1	102.2	105.4	108.6	111.9	115.3	118.7	122.3	125.9	129.6	133.4	137.4	141.4	145.5	149.7	154.1	158.5	163.1	167.9	172.7	177.7	182.9	188.2
45	99.3	102.5	105.8	109.2	112.6	116.2	119.8	123.6	127.4	131.4	135.4	139.6	143.9	148.3	152.9	157.6	162.4	167.4	172.6	178.1	183.5	189.2	195.1	201.2	207.5
46	106.3	109.8	113.4	117.2	121.0	125.0	129.1	133.3	137.6	142.1	146.7	151.5	156.5	161.6	167.0	172.5	178.2	184.2	190.4	196.8	203.5	210.5	217.8	225.4	233.3
47	114.3	118.3	122.4	126.6	130.9	135.4	140.1	145.0	150.0	155.3	160.7	166.4	172.3	178.5	185.0	191.8	198.9	206.4	214.2	222.4	231.0	240.0	249.5	259.5	270.0
48	123.9	128.4	133.1	137.9	142.9	148.3	153.8	159.5	165.7	172.2	178.8	186.0	193.5	201.4	209.8	218.7	228.2	238.2	248.8	260.3	272.3	285.1	298.7	313.0	328.2
49	135.5	140.8	146.4	152.3	158.5	165.0	172.0	179.3	187.2	195.6	204.6	214.3	224.7	235.9	248.1	261.3	275.5	290.9	307.6	325.5	344.8	365.4	387.3	410.6	435.2

（续表）

IDEXX Quanti-Tray®/97 孔定量盘 MPN 对照表（每 100 mL 水样）

小孔阳性格数

大孔阳性格数	25	26	27	28	29	30	31	32	33	34	35	36	37	38	39	40	41	42	43	44	45	46	47	48
0	25.3	26.4	27.4	28.4	29.5	30.5	31.5	32.6	33.6	34.7	35.7	36.8	37.8	38.9	40.0	41.0	42.1	43.1	44.2	45.3	46.3	47.4	48.5	49.5
1	26.6	27.7	28.7	29.8	30.8	31.9	32.9	34.0	35.0	36.1	37.2	38.2	39.3	40.4	41.4	42.5	43.6	44.7	45.7	46.8	47.9	49.0	50.1	51.2
2	27.9	29.0	30.0	31.1	32.2	33.2	34.3	35.4	36.5	37.5	38.6	39.7	40.8	41.9	43.0	44.0	45.1	46.2	47.3	48.4	49.5	50.6	51.7	52.8
3	29.3	30.4	31.4	32.5	33.6	34.7	35.8	36.8	37.9	39.0	40.1	41.2	42.3	43.4	44.5	45.6	46.7	47.8	48.9	50.0	51.2	52.3	53.4	54.5
4	30.7	31.8	32.8	33.9	35.0	36.1	37.2	38.3	39.4	40.5	41.6	42.7	43.9	45.0	46.1	47.2	48.3	49.5	50.6	51.7	52.9	53.9	55.1	56.3
5	32.1	33.2	34.3	35.4	36.5	37.6	38.7	39.9	41.0	42.1	43.2	44.4	45.5	46.6	47.7	48.9	50.0	51.2	52.3	53.5	54.6	55.8	56.9	58.1
6	33.5	34.7	35.8	36.9	38.0	39.2	40.3	41.4	42.6	43.7	44.8	46.0	47.1	48.3	49.4	50.6	51.7	52.9	54.1	55.2	56.4	57.6	58.7	59.9
7	35.0	36.2	37.3	38.4	39.6	40.7	41.8	43.0	44.2	45.3	46.5	47.7	48.8	50.0	51.2	52.3	53.5	54.7	55.9	57.0	58.3	59.4	60.6	61.8
8	36.6	37.7	38.9	40.0	41.2	42.3	43.5	44.7	45.9	47.0	48.2	49.4	50.6	51.8	53.0	54.1	55.3	56.5	57.7	59.0	60.2	61.4	62.6	63.8
9	38.1	39.3	40.5	41.6	42.8	44.0	45.2	46.4	47.6	48.8	50.0	51.2	52.4	53.6	54.8	56.0	57.2	58.4	59.7	60.9	62.1	63.4	64.6	65.8
10	39.7	40.9	42.1	43.3	44.5	45.7	46.9	48.1	49.3	50.6	51.8	53.0	54.2	55.5	56.7	57.9	59.2	60.4	61.7	62.9	64.2	65.5	66.7	67.9
11	41.4	42.6	43.8	45.0	46.3	47.5	48.7	49.9	51.2	52.4	53.7	54.9	56.1	57.4	58.6	59.9	61.2	62.4	63.7	65.0	66.3	67.5	68.8	70.1
12	43.1	44.3	45.6	46.8	48.1	49.3	50.6	51.8	53.1	54.3	55.6	56.8	58.1	59.4	60.7	62.0	63.2	64.5	65.8	67.1	68.4	69.7	71.0	72.4
13	44.9	46.1	47.4	48.6	49.9	51.2	52.5	53.7	55.0	56.3	57.6	58.9	60.2	61.5	62.8	64.1	65.4	66.7	68.0	69.3	70.7	72.0	73.3	74.7
14	46.7	48.0	49.3	50.5	51.8	53.1	54.4	55.7	57.0	58.3	59.6	60.9	62.3	63.6	64.9	66.3	67.6	68.9	70.3	71.6	73.0	74.4	75.7	77.1
15	48.6	49.9	51.2	52.5	53.8	55.1	56.4	57.8	59.1	60.4	61.8	63.1	64.5	65.8	67.2	68.5	69.9	71.3	72.6	74.0	75.4	76.8	78.2	79.6
16	50.5	51.8	53.2	54.5	55.8	57.2	58.5	59.9	61.2	62.6	64.0	65.3	66.7	68.1	69.5	70.9	72.3	73.7	75.1	76.5	77.9	79.3	80.8	82.2
17	52.5	53.9	55.2	56.6	58.0	59.3	60.7	62.1	63.5	64.9	66.3	67.7	69.1	70.5	71.9	73.3	74.8	76.2	77.6	79.1	80.5	82.0	83.5	84.9
18	54.6	56.0	57.4	58.8	60.2	61.6	63.0	64.4	65.8	67.2	68.6	70.1	71.5	73.0	74.4	75.9	77.3	78.8	80.3	81.8	83.3	84.8	86.3	87.8
19	56.8	58.2	59.6	61.0	62.4	63.9	65.3	66.8	68.2	69.7	71.2	72.6	74.1	75.6	77.0	78.5	80.0	81.5	83.1	84.6	86.1	87.6	89.2	90.7
20	59.0	60.4	61.9	63.3	64.8	66.3	67.7	69.2	70.7	72.2	73.7	75.2	76.7	78.2	79.8	81.3	82.8	84.4	85.9	87.5	89.1	90.7	92.2	93.8
21	61.3	62.8	64.3	65.8	67.3	68.8	70.3	71.8	73.3	74.9	76.4	77.9	79.5	81.1	82.6	84.2	85.8	87.4	89.0	90.6	92.2	93.8	95.4	97.1
22	63.8	65.3	66.8	68.3	69.8	71.4	72.9	74.5	76.0	77.6	79.2	80.8	82.4	84.0	85.6	87.2	88.8	90.5	92.1	93.8	95.5	97.2	98.8	100.5
23	66.3	67.8	69.4	71.0	72.5	74.1	75.7	77.3	78.9	80.5	82.2	83.8	85.4	87.1	88.7	90.4	92.1	93.8	95.5	97.2	98.9	100.6	102.4	104.1
24	68.9	70.5	72.1	73.7	75.3	77.0	78.6	80.3	81.9	83.6	85.2	86.9	88.6	90.3	92.0	93.8	95.5	97.2	99.0	100.7	102.5	104.3	106.1	107.9
25	71.7	73.3	75.0	76.6	78.3	80.0	81.7	83.3	85.1	86.8	88.5	90.2	92.0	93.7	95.5	97.3	99.1	100.9	102.7	104.5	106.3	108.2	110.0	111.9
26	74.6	76.3	78.0	79.7	81.4	83.1	84.8	86.6	88.4	90.1	91.9	93.7	95.5	97.3	99.2	101.0	102.9	104.7	106.6	108.5	110.4	112.3	114.2	116.2
27	77.6	79.4	81.1	82.9	84.6	86.4	88.2	90.0	91.9	93.7	95.5	97.4	99.3	101.1	103.1	105.0	106.9	108.8	110.8	112.7	114.7	116.7	118.7	120.7
28	80.8	82.6	84.4	86.3	88.1	89.9	91.6	93.7	95.5	97.5	99.4	101.3	103.3	105.2	107.2	109.2	111.2	113.2	115.3	117.3	119.3	121.4	123.5	125.6
29	84.2	86.1	87.9	89.8	91.7	93.7	95.6	97.5	99.5	101.5	103.5	105.5	107.5	109.5	111.6	113.7	115.7	117.8	120.0	122.1	124.2	126.4	128.6	130.8
30	87.8	89.7	91.7	93.6	95.6	97.6	99.6	101.6	103.7	105.7	107.8	109.9	112.0	114.1	116.3	118.5	120.6	122.8	125.1	127.3	129.5	131.8	134.1	136.4
31	91.6	93.6	95.6	97.7	99.7	101.8	103.9	106.0	108.2	110.3	112.4	114.6	116.9	119.1	121.4	123.6	125.9	128.2	130.5	132.9	135.3	137.7	140.1	142.5
32	95.7	97.8	99.9	102.0	104.2	106.3	108.5	110.7	113.0	115.2	117.5	119.8	122.1	124.5	126.8	129.2	131.6	134.0	136.5	139.0	141.5	144.0	146.6	149.1
33	100.0	102.2	104.4	106.6	108.9	111.2	113.5	115.8	118.2	120.5	122.9	125.4	127.8	130.3	132.8	135.3	137.8	140.4	143.0	145.6	148.3	150.9	153.7	156.4
34	104.7	107.0	109.3	111.7	114.0	116.4	118.9	121.3	123.8	126.3	128.8	131.4	134.0	136.6	139.2	141.9	144.4	147.4	150.1	152.9	155.7	158.6	161.5	164.4
35	109.7	112.2	114.6	117.1	119.6	122.2	124.7	127.3	129.9	132.6	135.3	138.0	140.8	143.6	146.4	149.2	152.1	155.0	158.0	161.0	164.0	167.1	170.2	173.3
36	115.2	117.8	120.4	123.0	125.7	128.4	131.1	133.9	136.7	139.5	142.4	145.3	148.3	151.3	154.3	157.3	160.5	163.6	166.8	170.0	173.3	176.6	179.9	183.3
37	121.3	124.0	126.8	129.6	132.4	135.3	138.2	141.3	144.3	147.3	150.2	153.3	156.7	159.9	163.2	166.5	169.8	173.2	176.7	180.0	183.7	187.6	191.0	194.7
38	127.9	130.8	133.8	136.8	139.9	143.0	146.2	149.4	152.6	155.9	159.2	162.6	166.1	169.6	173.2	176.8	180.4	184.2	188.0	191.8	195.7	199.7	203.7	207.7
39	135.3	138.5	141.7	145.0	148.3	151.7	155.1	158.6	162.1	165.7	169.4	173.1	176.9	180.7	184.7	188.7	192.7	196.8	200.9	205.3	209.6	214.0	218.5	223.0
40	143.7	147.1	150.6	154.2	157.8	161.5	165.1	169.1	173.0	177.1	181.1	185.2	189.4	193.7	198.1	202.5	207.1	211.7	216.4	221.1	226.0	231.0	236.0	241.1
41	153.2	157.0	160.9	164.8	168.9	173.0	177.2	181.5	185.8	190.3	194.8	199.5	204.2	209.1	214.0	219.1	224.2	229.4	234.8	240.2	245.8	251.5	257.2	263.1
42	164.3	168.6	172.9	177.3	181.9	186.5	191.3	196.1	201.1	206.2	211.4	216.7	222.2	227.7	233.4	239.2	245.2	251.3	257.7	263.8	270.3	276.9	283.6	290.5
43	177.5	182.3	187.3	192.4	197.6	202.9	208.4	214.0	219.8	225.8	231.8	238.2	244.5	251.0	257.7	264.6	271.7	278.9	286.3	293.8	301.5	309.4	317.4	325.7
44	193.6	199.3	205.1	211.0	217.2	223.5	230.0	236.7	243.6	250.8	258.1	265.6	273.3	281.2	289.4	297.8	306.3	315.1	324.1	333.3	342.8	352.4	362.3	372.4
45	214.1	220.9	227.9	235.2	242.7	250.4	258.4	266.7	275.3	284.1	293.3	302.6	312.3	322.3	332.5	342.6	353.8	364.9	376.2	387.9	399.8	412.0	424.5	437.4
46	241.5	250.0	258.9	268.2	277.2	287.8	298.1	308.8	319.9	331.4	343.3	355.5	368.1	381.1	394.5	408.3	422.5	437.1	452.0	467.4	483.3	499.6	516.3	533.5
47	280.9	292.4	304.4	316.9	330.0	343.6	357.8	372.5	387.7	403.4	419.8	436.6	454.1	472.1	490.7	509.9	529.8	550.4	571.7	593.8	616.7	640.5	665.3	691.0
48	344.1	360.9	378.4	396.8	416.0	436.0	456.9	478.6	501.2	524.7	549.3	574.8	601.5	629.4	658.6	689.3	721.5	755.6	791.5	829.7	870.4	913.9	960.5	1011.2
49	461.1	488.4	517.2	547.5	579.4	613.1	648.8	686.7	727.0	770.1	816.4	866.4	920.8	980.4	1046.2	1119.9	1203.3	1299.7	1413.6	1553.1	1732.9	1986.3	2419.6	>2419.6